Handlungskompetenz im Ausland

herausgegeben von
Alexander Thomas, Universität Regensburg

Vandenhoeck & Ruprecht

Jette Katrin Pahlke
Alexander Thomas

Beruflich in Norwegen

Trainingsprogramm für Manager, Fach- und Führungskräfte

Vandenhoeck & Ruprecht

Die 8 Cartoons hat Jörg Plannerer gezeichnet.

Bibliografische Information der Deutschen Nationalbibliothek

Die Deutsche Nationalbibliothek verzeichnet diese Publikation in der Deutschen Nationalbibliografie; detaillierte bibliografische Daten sind im Internet über http://dnb.d-nb.de abrufbar.

ISBN: 978-3-525-49142-3

Satz: Satzspiegel, Nörten-Hardenberg
Druck und Bindung: ⊕ Hubert & Co, Göttingen

Gedruckt auf alterungsbeständigem Papier.

◼ Inhalt

5

◼ Vorwort

Norwegen hat im Verlauf der letzten hundert Jahre eine erstaunliche Entwicklung durchlaufen. Noch zu Beginn des 19. Jahrhunderts galt es als ein unbedeutender und verarmter Landstrich an der nördlichen Peripherie Europas. Heute ist es der drittgrößte Ölexporteur, der sechstgrößte Wasserkraftproduzent der Welt und die einzige Industrienation, die die eigene Nachfrage an Energie nahezu allein durch eigene Wasserkraft decken kann. Es belegt auf der Rangliste der reichsten Länder in Europa gemessen am Bruttosozialprodukt Rang zwei nach Luxemburg. Im Human Development Index zur Messung des Lebensstandards nimmt es die Spitzenposition ein. Norwegen ist nicht Mitglied der Europäischen Union, neben den Schweizern haben auch die Norweger den Beitritt zur Europäischen Union in einer Volksabstimmung abgelehnt, und das sogar zum zweiten Mal. Allerdings ist die wirtschaftliche Integration in den Europäischen Wirtschaftsraum schon seit langer Zeit abgeschlossen.

Im Bezug auf Deutschland deckt Norwegen bis 2010 geschätzt 50 % des deutschen Gasbedarfs ab und spielt insofern mit seinen gerade einmal 4,7 Millionen Einwohnern für Deutschland eine wichtige Rolle. Intensive kulturelle und wirtschaftliche Beziehungen bestimmen die friedlich verlaufende Geschichte der beiden Länder. Für viele Deutsche war Norwegen schon immer ein Land sehenswerter und überwältigender Naturschönheiten, der Ruhe und grenzenlosen Weite, in der man tagelang wandern kann, ohne je einen Menschen zu treffen, und so erfuhr das Land aus Sicht vieler Deutscher eine stark romantische Verklärung.

In den vergangenen zwanzig Jahren hat Norwegen aufgrund seiner wirtschaftlichen Bedeutung und seinem hohen Bedarf an qualifizierten Arbeitskräften für Deutsche deutlich an Attraktivität gewonnen. So gibt es eine beachtliche und weiter steigende Gruppe deutscher Arbeitsimmigranten in Norwegen. Da viele Deutsche der Meinung sind, dass Norwegen Deutschland sehr ähnlich ist, erwarten sie keine größeren kulturellen Unterschiede, was dazu führt, dass sie die tatsächlich vorhandenen kulturellen Unterschiede zunächst überhaupt nicht wahrnehmen. Im direkten Kontakt, beispielsweise im Arbeitsleben und im privaten Bereich, werden die interkulturellen Begegnungen von den Beteiligten jedoch oft als unerwartet problematisch und kompliziert erlebt.

Auch deutsche Firmen tun sich zum Teil schwer, im norwegischen Markt Fuß zu fassen. So hat eine deutsche Einzelhandelskette mit sehr großen Erwartungen Filialen in Norwegen eröffnet, handelte sich aber schon nach kurzer Zeit in norwegischen Zeitungen schlechte Umfrageergebnisse wegen mangelnder Kundenzufriedenheit ein. Zudem wurden von einigen Zeitungen die als unmenschlich empfundenen Arbeitsverhältnisse in den Filialen kritisiert. Norwegische Unternehmensberater sehen den Grund für die schlechten Unternehmenszahlen der Einzelhandelskette trotz hoher Investitionen als das Resultat eines mangelnden Verständnisses des deutschen Managements für die norwegische Denkweise und die spezifischen Vorlieben der Norweger in Bezug auf Produktgestaltung, Unternehmenskultur und Festhalten am Gewohnten. Dies zeigt, dass kulturelle Unterschiede nicht nur in der interpersonalen Begegnungssituation von Bedeutung sind, sondern durchaus auch von wirtschaftlicher Bedeutung sein können.

Im Vergleich zu anderen Ländern in Europa liegen bislang keine auf empirischem Datenmaterial aufbauenden wissenschaftlichen Erkenntnisse über kulturelle Unterschiede zwischen Norwegern und Deutschen vor, auch keine Erkenntnisse über kulturbedingte Schwierigkeiten in der Zusammenarbeit zwischen Deutschen und Norwegern. Insofern stellt das vorliegende Trainingsmaterial eine Pionierleistung dar, denn es beruht auf ausgiebigen Befragungen deutscher Fach- und Führungskräfte über ihre Beobachtungen und Erfahrungen in der Zusammenarbeit mit Norwegern speziell im Bezug auf kulturell bedingte und damit für sie unerwartete Verhaltensreaktionen. Die aus dem Befragungsmaterial gewonnenen so genannten »kritischen« Interaktionssituationen, das heißt immer wieder auftretende Reaktionen norwegischer Partner, die für deutsche Fach- und Führungskräfte unerwartet und unverständlich waren, wurden von Experten, die sich in beiden Kulturen sehr gut auskennen, einer differenzierten Ursachenanalyse unterzogen. Aus dem Material konnten schließlich Kulturstandards als zentrale Merkmale des für Norweger typischen kulturellen Orientierungssystems identifiziert werden. Alle diese Materialien sind im vorliegenden Trainingsmaterial so verarbeitet, dass der Lernende ein Verständnis gewinnen kann für das Zustandekommen der kulturell bedingten Unterschiede, die das gegenseitige Verstehen erschweren, Missverständnisse hervorrufen, das Arbeitsleben, aber auch die sonstigen Lebenssituationen erheblich beeinträchtigen.

Das Trainingsmaterial ist sowohl für deutsche Fach- und Führungskräfte, die definitiv in Norwegen arbeiten wollen oder in anderen Zusammenhängen mit Norwegern zu tun haben, geeignet als auch für Personen, die beabsichtigen, sich eventuell auf berufliche Positionen in Norwegen zu bewerben. Sie können mit Hilfe des Trainingsmaterials prüfen, ob sie wohl in der Lage sein werden, mit der norwegischen Mentalität und dem Lebensstil der Norweger zurechtzukommen. Wer das Trainingsmaterial sorgfältig durcharbeitet, erspart sich in der Zusammenarbeit mit Norwegern viele Enttäuschungen und Rückschläge und wird in der Lage sein, sein Leistungspotenzial optimal zum Einsatz zu bringen.

Alexander Thomas

■ Einführung in das Training

■ Zielsetzung und theoretischer Hintergrund

Von Albert Einstein stammt der Satz: »Obwohl ich versuche, in meinem Denken universal zu sein, bin ich nach Instinkt und Neigung ein Europäer.« Dass zwischen Europa und beispielsweise Asien kulturelle Unterschiede zu finden sind, wird wohl heutzutage kaum jemand bestreiten. Bei einem Land wie Norwegen hingegen, einem fast direkten Nachbarn mit einer gemeinsamen Geschichte ausgeprägter kultureller und wirtschaftlicher Beziehungen und sprachlicher Nähe zu Deutschland, erwarten viele nur vernachlässigbare kulturelle Differenzen. Bei intensiverem Kontakt jedoch – beispielsweise im Arbeitsleben und für die Gruppe deutscher Fach- und Führungskräfte, bei denen die Erreichung gesetzter Ziele im Mittelpunkt steht – erleben viele die interkulturelle Begegnung mit Norwegern als problematisch. So kann ein Arbeits-, Führungs- und Kommunikationsstil, wie er in Deutschland praktiziert wird, in Norwegen bisweilen als unangemessen, als zu dominant, direkt oder unflexibel wahrgenommen werden. Um den Anpassungsprozess an die norwegische Kultur zu verkürzen, bietet dieses Trainingsmaterial einen Überblick über die kulturellen Unterschiede, die besondere Relevanz für deutsche Arbeitskräfte im norwegischen Arbeitsalltag besitzen, sowie erfolgreiche Handlungsstrategien und fundiertes Hintergrundwissen.

Was verbirgt sich nun genau hinter dem Begriff Kultur? Eine Kultur prägt das Denken, Fühlen, Werten und Handeln all ihrer Mitglieder. In ihr entwickeln sich spezifische Symbole in Form von Regeln, Werten, Normen und Strukturen, die das Verhalten der Menschen in der Gesellschaft, in Organisationen und Gruppen beeinflussen und formen und über die unter ihnen Einverständnis herrscht. Das individuelle wie auch das gemeinsame Handeln wird durch sie geprägt. Was als richtig, normal, effizient, wichtig und sinnvoll oder aber auch falsch und inakzeptabel angesehen wird, wird primär von der eigenen Kultur beeinflusst.

Im Laufe von Sozialisation und Enkulturation erlernt das Individuum relevante Normen, Werte, Einstellungen und Verhaltensweisen sowie eine spezifische Art, die Welt wahrzunehmen und zu interpretieren. Damit stiftet Kultur Orientierung, denn sie macht Ereignisse und Verhalten antizipierbarer und erleichtert somit einen zufrieden stellenden Umgang mit den Anforderungen des Alltags. Ihre Mitglieder sind in der Lage, Gedanken und Gefühle der anderen Kulturangehörigen nachzuempfinden, zu verstehen und in ihren Handlungsplan mit einzubeziehen (Thomas, 2003). Gleichzeitig ermöglicht es ihnen, sich den Erwartungen der Gesellschaft entsprechend zu verhalten und sich so weitgehend problemlos in diese zu integrieren.

Die kulturspezifischen Verhaltensmuster und Merkmale, die in der jeweiligen Kultur beispielsweise zur Bewältigung des Alltags, bei beruflichen Aufgabenstellungen oder zur Problemlösung aktiviert werden, werden als Kulturstandards bezeichnet. Sie beschreiben auf prägnante Art und Weise wesentliche Charakteristika einer Kultur und liefern einem Fremden somit hilfreiche Informationen, um sich in der ihm nicht vertrauten Kultur zurechtfinden zu können. Sie regulieren das Wahrnehmen, Denken, Werten und Handeln ihrer Mitglieder in weiten Bereichen und aktivieren bestimmte Arten des Denkens und Handelns und unterdrücken anderes bzw. lassen sie überhaupt nicht zu. Kulturstandards können auf verschiedenen Abstraktionsebenen definiert werden, zum Beispiel durch sehr allgemein gültige Werte und Normen oder durch ganz konkrete, kontextabhängige Verhaltensvorschriften (Thomas, 1999). Sie sind vielseitig miteinander verknüpft und haben sich langfristig aus den sozialen, politischen und ökonomischen Gegebenheiten des Landes entwickelt, sind also in der Geschichte eines Volkes verwurzelt.

Trotz dieser kollektiv geteilten kulturspezifischen Kulturstandards besteht in einer Kultur viel Spielraum für individuelles Verhalten. Jedes Individuum bildet selbst wieder spezifische Varianten von Normen, Werte und Persönlichkeitsmerkmale aus, beispielsweise durch die Zugehörigkeit zu Subkulturen, spezifischen Gruppen oder durch Generation und Geschlecht. Diese individuellen Abweichungen von den gültigen Kulturstandards werden jedoch von der Gesellschaft nur innerhalb eines gewissen Toleranzbereiches akzeptiert, andernfalls wird das Verhalten abgelehnt und sanktioniert. Man könnte Kulturstandards folglich auch als »Raum des Möglichen« bezeichnen.

Kulturstandards sind über Generationen und Jahrhunderte hinweg gewachsen. Einerseits stellen sie verbindliche und in gewisser Weise verfestigte, stabilisierte »Regeln« und »Vorschriften« dar, andererseits sind sie wandelbar. Denn Umweltgegebenheiten verändern sich im Zeitverlauf unweigerlich, so dass auch Kulturstandards als Werkzeuge zur Umweltbewältigung so angepasst werden müssen, dass sie sich zur Anwendung in ihrer jeweiligen Umwelt eignen.

Wie stark und auf welche Weise das eigene Verhalten durch Kulturstandards geprägt ist, wird oft erst im Kontakt mit Fremden deutlich. Es begegnen sich hier nicht nur zwei Menschen, die eine unterschiedliche Sprache sprechen und vielleicht eine unterschiedliche Religion und einen abweichenden Kleidungsstil haben, sondern die Mitglieder anderer Kulturen haben andere sozial relevante Einstellungen, Werte, Normen und Verhaltensweisen kennen gelernt. Vielfach wird jedoch die universelle Gültigkeit des eigenen Orientierungssystems als gegeben vorausgesetzt. In Bezug auf das, was zwischen zwei Kulturen nicht »gemeinsam« ist, wird in der Zusammenarbeit und Auseinandersetzung mit Mitgliedern einer fremden Kultur die Selbstverständlichkeit bestimmter Handlungsroutinen und Einstellungen plötzlich in Frage gestellt und es kommt zum Orientierungsverlust. So kann beispielsweise eine aus deutscher Sicht freundlich gemeinte Aussage oder Verhaltensweise vom anderen als unhöflich oder arrogant aufgefasst werden. Dessen Reaktion wiederum kann einem deutschen Partner als unangemessene Handlung erscheinen. So entstehen Missverständnisse und auf beiden Seiten Unsicherheit darüber, welches Verhalten in welcher Situation richtig oder falsch ist. Solche kritischen interkulturellen Begegnungssituationen werden als sehr belastend empfunden, da sie Situationen und Reaktionen beschreiben, die nicht erwartet wurden und nicht Teil der bisherigen Lebenswelt sind. Die Konfrontation mit den andersartigen und unerwarteten Verhaltens- und Reaktionsweisen führt dazu, dass wir nach Erklärungen für das Verhalten suchen und uns gleichzeitig unserer eigenkulturellen Erklärungs- und Deutungsmuster bewusst werden, die durch unseren kulturellen Hintergrund beeinflusst wurden.

Im folgenden Training werden sieben norwegische Kulturstandards vorgestellt, die sich aus dem Befragungsmaterial ermitteln ließen, jedoch beschreiben diese keineswegs die norwegische Kultur als Ganzes. Sie sind aus dem Blickwinkel der befragten deutschen Fach- und Führungskräfte heraus entwickelt, die über vielfältige Erfahrungen im Umgang mit norwegischen Partnern verfügen.

◼ Ziele des Trainings

Bei diesem Training handelt es sich um ein so genanntes »Verstehensorientiertes Training«, das es dem Lernenden mit Hilfe der zur Verfügung gestellten Lerninhalte und des didaktischen Konzepts ermöglicht, ein vertieftes Verständnis für das norwegische kulturelle Orientierungssystem aufzubauen. Dabei ist es nicht Ziel, sich an die fremde Kultur mit ihren typischen Denk- und Verhaltensweisen anzupassen, vielmehr soll die Fähigkeit entwickelt werden, das Verhalten der norwegischen Partner aus der Perspektive der fremden Kultur heraus zu betrachten und somit zutreffend zu interpretieren und zu antizipieren. Je mehr wir über die kulturellen Hintergründe unseres Gegenübers wissen und für die kulturspezifische Ausprägung seiner Wahrnehmungs-, Denk- und Beurteilungsprozesse sensibilisiert sind, desto mehr erschließt sich uns seine Sicht auf die Welt. Gleichzeitig versucht das Trainingsmaterial, einen Sensibilisierungsprozess in Hinblick auf die eigene Kultur und ihre Besonderheiten in Gang zu setzen und zu vermitteln, wie das Verhalten deutscher Fach- und Führungskräfte auf die norwegischen Partner wirkt.

Mit Hilfe des Trainings werden einerseits die handlungswirksamen kulturellen Besonderheiten norwegischer Fach- und Führungskräfte und andererseits auf diesem Hintergrund die eigenen deutschen Kulturstandards bewusst. Die so entwickelte interkulturelle Handlungskompetenz ermöglicht eine produktive und für beide Seiten zufrieden stellende Zusammenarbeit.

■ Aufbau des Trainings

Das Trainingsmaterial wurde aus den Ergebnissen eines Forschungsprojekts zu Kulturunterschieden zwischen Deutschen und Norwegern entwickelt. In einer großen Zahl ausführlicher Interviews wurden deutsche Fach- und Führungskräfte aus unterschiedlichsten Positionen im Bereich Wirtschaft, Gesundheitswesen und Wissenschaft/Bildungswesen nach ihren Erfahrungen bei der Interaktion und Kooperation mit Norwegern befragt. Die Interviewpartner wurden gebeten, alltäglich erfahrene Situationen mit Norwegern zu schildern, die nicht ihren Erwartungen entsprachen, in denen sie das Verhalten des Partners beispielsweise als überraschend, irritierend, unerklärbar, frustrierend oder sogar provozierend wahrgenommen haben. Die besonders häufig genannten Typen von Situationen wurden interkulturellen Experten, das heißt Deutschen mit wissenschaftlich fundierten Norwegenerfahrungen und Norwegern mit der entsprechenden Deutschlanderfahrung, zur Beurteilung vorgelegt. Sie wurden gefragt, wie typisch diese für die Zusammenarbeit zwischen Deutschen und Norwegern sind, wie sie sich das Verhalten der norwegischen Partner erklären und durch welche spezifischen Besonderheiten der norwegischen Kultur das Denken und Verhalten der beteiligten Personen bestimmt ist. Die aus der Analyse dieser Angaben resultierenden repräsentativ und typisch für die deutsch-norwegische Begegnung eingeschätzten Situationen sind die Grundlage für dieses Training. Aus Datenschutzgründen wurden die Angaben anonymisiert und mit fiktiven Namen versehen.

Die ermittelten sieben norwegischen Kulturstandards bestimmen die inhaltliche Gliederung des Trainings in Themenbereiche. In jedem Themenbereich sind zwei bis drei Situationsschilderungen zusammengestellt, die jeweils einen bestimmten

Aspekt des zugrunde liegenden Kulturstandards beschreiben und diese werden von Ihnen als Fallbeispiele bearbeitet. Sie werden also mit den abweichenden, unerwarteten Verhaltensweisen und Reaktionen konfrontiert, die in Norwegen lebende Deutsche mit ihrem norwegischen Gegenüber erlebt haben und in die Sie mit hoher Wahrscheinlichkeit in ihrer Zusammenarbeit mit Norwegern auch kommen werden. Im Verlauf des Trainings erhalten Sie ein Verständnis dafür, auf welche Weise und in welchen Bereichen der Zusammenarbeit und des Zusammenlebens die jeweiligen Kulturstandards handlungswirksam werden, und lernen, das Verhalten des norwegischen Gegenübers kulturadäquat zu beurteilen und geeignete Lösungsstrategien für ähnliche Situationen zu entwickeln.

■ Ablauf des Trainings

Zu Beginn eines jeden *Übungsbeispiels* wird eine authentische Situation zwischen einem Deutschen und seinem norwegischen Partner geschildert, die aufgrund kultureller Verschiedenheit zu Verwunderung, Missverständnissen oder Frustrationen in der Kommunikation und Kooperation geführt haben. An dieser Stelle sind Sie zunächst einmal selber gefragt, eine für Sie logische Erklärung für das unerwartete Verhalten zu finden. Da Sie die norwegischen Denkweisen und Erklärungsmuster noch nicht kennen, werden Sie zunächst gleichsam automatisch ihre eigenkulturellen Interpretationen zu Hilfe nehmen.

Im zweiten Schritt werden Ihnen vier verschiedene *Deutungen* vorgestellt, die das Verhalten des Norwegers in der Situation aus Sicht der norwegischen Kultur mal mehr und mal weniger zutreffend erklären. Eine der Deutungen entspricht am ehesten der Sicht des norwegischen Partners und stellt somit die zutreffendste Erklärung dar. Die anderen enthalten entweder Aspekte der norwegischen Kultur, die in anderen Situationen durchaus entscheidend sein können, jedoch das vorliegende Beispiel nicht optimal erklären oder sie deuten das norwegische Verhalten eher aus deutscher Sicht und sind somit nicht zutreffend. Sie haben nun die Aufgabe, jede Deutung auf einer 4-stufigen Skala von

»sehr zutreffend« bis »nicht zutreffend« zu beurteilen und sich stichpunktartig eine Begründung für ihre Entscheidung zu notieren.

Im dritten Schritt erhalten Sie unter dem Stichwort *Bedeutungen* eine Rückmeldung darüber, inwieweit und unter welchen Bedingungen die einzelnen Deutungen geeignet sind, das geschilderte Verhalten zu erklären. Gleichzeitig werden Sie über Ursachen und kulturelle Hintergründe für das geschilderte Verhalten und über Zusammenhänge mit anderen Kulturstandards informiert. Durch den direkten Vergleich ihrer eigenen Notizen mit den Bedeutungen erhalten Sie eine Gegenüberstellung der deutschen mit der norwegischen Sichtweise und damit einen Einblick in die Wirksamkeit beider Orientierungssysteme. Die Beeinflussung des Handelns durch kulturelle Deutungsmuster wird sichtbar. Sie können sehen, dass die Situationen teilweise unterschiedlich interpretiert werden und folglich auch das Verhalten voneinander abweicht. Diese Reflexion der eigenen und der fremdkulturellen Besonderheiten ist eine entscheidende Stufe im interkulturellen Lernprozess. Es ist sehr wichtig, nicht ausschließlich die richtige Deutung zu finden und das Übungsbeispiel damit abzuhaken, sondern alle Deutungen und Bedeutungen sorgfältig durchzuarbeiten.

Im vierten Schritt haben Sie Gelegenheit, Ihr inzwischen erworbenes Wissen anzuwenden. Lesen Sie die Situationsbeschreibung nochmals durch und entwickeln Sie eine Handlungsstrategie, mit der aus deutscher Sicht die Missverständnisse, Irritationen und Probleme hätten vermieden oder gelöst werden können. Halten Sie auch hier Ihre Gedanken schriftlich fest. Die dann folgende *Lösungsstrategie* ist als Handlungsempfehlung zu verstehen und enthält sowohl eine detaillierte Interaktionsanalyse des Ereignisses als auch Anregungen, welches Verhalten in der Situation sinnvoll und angemessen wäre und zu einem positiveren Verlauf der Situation beitragen könnte und welche Verhaltensweisen Sie eher vermeiden sollten. Es gibt hierbei aber nie nur eine richtige Lösung, da Kulturstandards keine starren Regeln darstellen, sondern es stehen immer mehrere, an die konkrete Situation angepasste Alternativen zur Verfügung.

Die dargestellte Abfolge wiederholt sich in jedem Themenbereich in ein bis zwei weiteren Beispielen, so dass Ihnen eine anschauliche Betrachtung jedes Kulturstandards aus verschiedenen Handlungs- bzw. Interaktionskontexten heraus möglich wird und Sie auf dieser Grundlage die Fähigkeit erlernen, das Wissen auf neue, selbst erfahrene Situationen zu transferieren.

Am Ende eines jeden Themenbereichs wird der zugrunde liegende Kulturstandard zur Vertiefung Ihres Wissens ausführlich erläutert und aufgezeigt, welche Bedeutung ihm über die spezifischen Situationen hinaus in der deutsch-norwegischen Kooperation zukommt. In der kulturellen Verankerung werden Ursachen für die Entstehung und Herausbildung des Kulturstandards im Kontext der norwegischen Geschichte aufgezeigt. In Kombination mit den Situationsschilderungen sowie den Antwortalternativen und dazugehörigen Erläuterungen ergibt sich eine umfassende Beschreibung des Kulturstandards in all seinen Aspekten und nach Bearbeitung aller Themenbereiche ein konsistentes Bild der für den deutsch-norwegischen Kontakt relevanten kulturellen Besonderheiten der norwegischen Kultur. An die letzte Trainingseinheit schließt sich eine Übersicht über alle Kulturstandards mit ihren relevanten Aspekten an. Der dann folgende Exkurs zum Thema »Individualismus trotz Konformität« stellt zwar keinen eigenständigen norwegischen Kulturstandard dar, spielt jedoch in der vertieften Interaktion mit Norwegern eine wichtige Rolle. Zum Schluss finden Sie einen zusammenfassenden Überblick über die geschichtliche Entwicklung Norwegens, soweit diese zum Verständnis der Kulturstandards und deren historischer Einordnung wichtig ist. Eine kommentierte Liste mit Literaturhinweisen zur weiteren Einarbeitung in die Thematik und zur Vorbereitung auf das Leben und Arbeiten in Norwegen schließt sich an.

Der Prozess des interkulturellen Lernens ist langwierig, die vertiefte Arbeit beginnt erst in der realen Kooperation mit Norwegern. Doch dieses Trainingsmaterial in Verbindung mit Ihren konkreten Erfahrungen stellt das nötige Rüstzeug bereit, um den Arbeitsalltag besser zu meistern, Frustrationen besser zu verarbeiten und kulturell bedingte Problemsituationen zu vermeiden. Die so entwickelte Sensibilität für das norwegische kulturelle Orientierungssystem und auf das Denken und Handeln seiner

18

Mitglieder ermöglicht es, Lernstrategien zu entwickeln, die einer für beide Seiten zufrieden stellenden und erfolgreichen Kooperation förderlich sind.

Wenn es für diese Form des interkulturellen Trainings auch unabdingbar ist, dass hauptsächlich konflikthafte Begegnungssituationen zwischen Deutschen und Norwegern im Mittelpunkt stehen, so ist die Begegnung mit Norwegern und ihrer Kultur natürlich auch von vielen positiven und erfreulichen Erlebnissen geprägt. Einige davon werden im folgenden Trainingsmaterial Erwähnung finden, andere wiederum gilt es selbst in ihrem Alltag in Norwegen zu erfahren.

Dabei wünschen wir Ihnen viel Freude, Erfolg und »lykke til«!

■ Themenbereich 1: Soziale Gleichheit

■ Beispiel 1: Die Ansprache

■ Situation

Herr Andresen ist Wissenschaftler an einer Universität in Norwegen. Anlässlich einer offiziellen Festlichkeit, bei der zwei für die Universität bedeutende norwegische Minister anwesend sind, erlebt er die folgende Situation: In seiner Ansprache begrüßt der Rektor Herr Bakke die beiden Minister und redet diese dabei mit Du und Vornamen an. Herr Andresen ist entsetzt: Für ihn ist das eine Unverschämtheit und Respektlosigkeit! Ein Rektor, der Minister in offizieller Funktion mit ihrem Vornamen anredet, das ist eine Sache, die einfach nicht geht! Auch dass die Minister gar nicht darauf reagieren, verblüfft ihn. Er erwartete, dass sie auf dem Fuß kehrt machten und nach Hause fuhren. Da sie das nicht taten, verloren sie bei ihm deutlich an Respekt. Herr Andresen versteht das Ganze nicht.

Wie erklärt sich das Verhalten von Herrn Bakke?

- Lesen Sie nun die Antwortalternativen nacheinander durch.
- Bestimmen Sie den Erklärungswert jeder Antwortalternative für die gegebene Situation und kreuzen Sie ihn auf der darunter befindlichen Skala an. Es ist möglich, dass mehrere Antwortalternativen den gleichen Erklärungswert besitzen.

■ Deutungen

a) Der Rektor der norwegischen Universität ist für seine vertrauliche und zum Teil etwas plumpe Art des Umgangs mit höhergestellten Persönlichkeiten aus dem politischen Bereich bekannt. Bei manchen kommt das ganz gut an, bei anderen nicht. Aber offensichtlich hat Herr Bakke den Eindruck, dass die eingeladenen Minister diese Art der Ansprache akzeptieren, sie genießen, und das Ergebnis gibt ihm Recht.

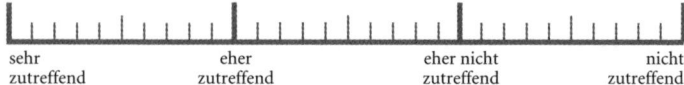

| sehr | eher | eher nicht | nicht |
| zutreffend | zutreffend | zutreffend | zutreffend |

b) In Norwegen ist es für jeden Rektor schwer, mehr Geld und staatliche Unterstützung für seine Universität zu bekommen. Eine gute Möglichkeit, für seine Universität etwas herauszuholen, besteht darin, Minister einzuladen, die in der Regel keine wissenschaftlich-akademische Qualifikation besitzen und sie durch das Du und die Vornamenanrede in den Kreis der Wissenschaftler aufzunehmen und sie damit gleichsam akademisch zu »adeln«.

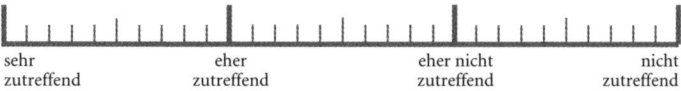

| sehr | eher | eher nicht | nicht |
| zutreffend | zutreffend | zutreffend | zutreffend |

c) »Sie« als Anredeform ist in Norwegen so gut wie nicht mehr in Gebrauch. Man duzt in Norwegen alle, auch in öffentlichen Situationen, und eine Anrede mit »Sie« hätte in dieser Situation auf alle Anwesenden befremdlich gewirkt.

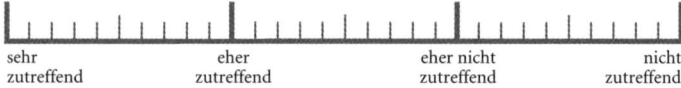

| sehr | eher | eher nicht | nicht |
| zutreffend | zutreffend | zutreffend | zutreffend |

d) Da hat Herr Andresen etwas missverstanden, die beiden so genannten »Minister« waren tatsächlich nur höhere Verwaltungsbeamte, die ständig mit dem Rektor beruflich zu tun haben. So hat sich mit der Zeit ein sehr persönliches Verhältnis ergeben, zu dem auch das Du und die Anrede mit Vornamen gehören.

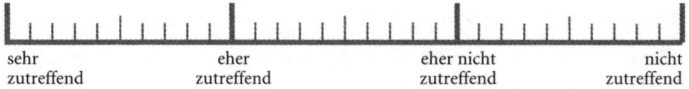

| sehr zutreffend | eher zutreffend | eher nicht zutreffend | nicht zutreffend |

- Versuchen Sie, Ihre Einstufung jeder Antwortalternative zu begründen. Halten Sie die Begründung in schriftlicher Form stichpunktartig fest.
- Lesen Sie nun die Erläuterungen zu jeder Antwortalternative durch und vergleichen diese mit Ihren eigenen Begründungen.

■ Bedeutungen

Erläuterung zu a):
Es könnte natürlich sein, dass Herr Bakke für dieses aus deutscher Sicht plump-vertrauliche Verhalten bekannt ist, allerdings gibt es in der Erzählung keinen Hinweis darauf. Erstaunlich ist aber doch, dass die beiden Minister seine Ansprache und die »vertraute« Anrede anscheinend nicht negativ auffassen, da sie keinerlei Reaktion darauf zeigen und weiterhin gern an der Veranstaltung teilnehmen.

Erläuterung zu b):
Norwegische Universitäten sind staatlich finanziert, jedoch erfolgt die Verteilung der Gelder abgesehen von kleinen, wichtigen Einzelprojekten nach einem klaren Modell, so dass persönliche Kontakte einem da nicht wirklich weiterhelfen. Es stimmt zwar tatsächlich, dass norwegische Minister nicht unbedingt eine wissenschaftlich-akademische Ausbildung haben, jedoch verwendet Herr Bakke mit Sicherheit nicht die Anrede mit Du und Vornamen, um sie damit in einen »erlesenen Kreis« aufzunehmen und ihnen so zu schmeicheln. In Norwegen ist Gleichheitsdenken sehr stark ausgeprägt und eine akademisch ausgebildete Person ist deshalb in keiner Weise »höher« gestellt als eine Person ohne Universitätsabschluss. Ausgehend hiervon lässt sich eine zutreffendere Deutung finden.

Erläuterung zu c):
In Norwegen erfolgte in den 1970er Jahren die Abschaffung der »Sie«-Form, die es seither nur noch gegenüber den Mitgliedern

der Königlichen Familie gibt. Norwegen ist eine egalitäre Gesellschaft, in der das Gleichheitsideal eine sehr hohe Bedeutung hat. Der Einzelne, egal in welcher Position, strebt eher danach, ein »Mann des Volkes« zu sein, als sich gegenüber anderen herauszuheben. Ein Minister ist demnach keine »Machtfigur«, die einer besonderen Anrede, zum Beispiel mit »Sie« bedarf, sondern ein normaler Mensch, den man – wie alle Norweger – duzt. Natürlich ist man sich seiner besonderen Position bewusst, darauf jedoch durch eine formelle Anrede ein großes Gewicht zu legen, schafft unnötigen Abstand und würde wohl auf die anwesenden Norweger eher lächerlich wirken.

Erläuterung zu d):

Herr Andresen hat ganz richtig verstanden, dass es sich bei den anwesenden Politikern um zwei Minister der norwegischen Regierung handelte. Dass der Rektor beruflich häufiger mit ihnen zu tun hat, ist ebenfalls denkbar. Norwegen ist ein kleines Land mit nur rund 4,7 Millionen Einwohnern, und so kommt es weit öfter als in Deutschland zu mehr informellen Begegnungen zwischen Politikern in den Ministerien und zum Beispiel einem Universitätsrektor. Dass dieser die beiden mit Du und Vornamen anredet, hat jedoch einen anderen Grund.

■ Lösungsstrategie

Die egalitäre Grundhaltung der norwegischen Gesellschaft spiegelt sich neben anderen Aspekten in der in den 1970er Jahren vollzogenen Abschaffung der »Sie«-Form sowie der Verwendung akademischer Titel im Alltag wider. Allgemein gilt, dass aus dem Kommunikationsverhalten nicht auf die Rangunterschiede der beteiligten Personen geschlossen werden kann. Stattdessen bemüht man sich in der Art, wie man miteinander spricht, vielmehr um eine Beziehung auf Augenhöhe. Das norwegische »Du« ist ähnlich wie das anglo-amerikanische und im Gegensatz zum deutschen »Du« nicht ein freundschaftlich-kumpelhaftes, sondern ein egalitäres. Im vorliegenden Beispiel ist selbstverständlich davon auszugehen, dass Herr Bakke die beiden Minister voll und ganz in ihrer Position respektiert und die Ehre des Besuches zu schätzen weiß, allerdings drückt er dies nicht in der speziellen Anredeform aus. Die Politiker haben mit Sicherheit auch nichts anderes erwartet und wären sowohl überrascht als auch gekränkt, wenn er sie mit förmlichem »Sie« angesprochen hätte. Formalitäten wie zum Beispiel die Art der Anrede sind in Norwegen nicht in sich selbst wichtig, können aber genutzt werden, um einen formellen Rahmen zu unterstreichen, zum Beispiel, indem man das Gegenüber in Verbindung mit dessen Funktion und nicht als Person anspricht. In problematischen Situationen können zum Beispiel Bekannte auf diese Weise zwischen einer offiziellen Interaktion und einer Interaktion im privaten Kontext differenzieren. Herr Bakke hätte die beiden also zwar mit Du, jedoch gleichzeitig beispielsweise auch als Bildungsminister ansprechen können, denn in dieser Funktion waren sie ja anwesend. Das wäre keineswegs als respektlos gewertet worden.

Herr Andresen muss also verstehen lernen, dass in Norwegen der Gebrauch einer formellen Anrede und die Erwähnung von Titeln kein geeignetes Mittel ist, um seinem Gegenüber Respekt auszudrücken. Eher passiert dies über indirekte Signale, die im Kontext erkennbar sind, wie zum Beispiel durch den Tonfall oder die Körperhaltung. Er sollte durch bewusstes Beobachten verschiedenster Kontexte versuchen, ein Gefühl dafür zu entwickeln, wie Norweger sich in unterschiedlichen formellen und informellen Situationen verhalten, und sein eigenes Verhalten entsprechend anpassen. Denn allzu übertriebene Förmlichkeit wird von Norwegern eher belächelt. Auf gleiche Weise sollte er selbst nicht den Fehler machen, ein derartiges, in seinen Augen »respektvolles« Verhalten in anderen Kontexten ihm selbst gegenüber zu erwarten und bei Ausbleiben nicht denselben Fehlschluss ziehen, wie er es im obigen Beispiel getan hat.

■ Beispiel 2: Der Fahrradfahrer

■ Situation

Herr Bender ist Geschäftsführer einer deutsch-norwegischen Institution in Oslo. Auf einer Autofahrt durch die Osloer Innenstadt hat er einen leichten Zusammenstoß mit einem Fahrradfahrer. Dieser steht unverletzt wieder auf und will weiterfahren. Herr Bender, sehr erschrocken, steigt aus seinem Wagen und fragt:»Mein Gott, ist nichts passiert? Geht es Ihnen gut?« Der Fahrradfahrer beteuert, dass es ihm gut gehe und es keinen Grund zur Beunruhigung gäbe. Daraufhin will er weiterfahren. Herr Bender, dem die ganze Sache unangenehm ist, besteht darauf, Visitenkarten auszutauschen, und bittet darum, sich mit ihm in Kontakt zu setzen, falls doch etwas nicht in Ordnung sei. Als der Radfahrer weiterfährt, liest Herr Bender den Namen auf der Visitenkarte, Grønli, und realisiert, dass es sich um einen der reichsten Investoren Norwegens handelt. Er ist äußerst überrascht: Zum einen darüber, dass ein Geschäftsmann in dieser Position anscheinend mit dem Fahrrad zum nächsten Termin fährt anstatt mit einem standesgemäßen Wagen. Zum anderen darüber, dass er so entspannt und unproblematisch reagiert und anscheinend nicht einmal eine Sonderbehandlung aufgrund seiner Position und Bekanntheit erwartet.

Wie erklären Sie sich die Situation?

– Lesen Sie nun die Antwortalternativen nacheinander durch.
– Bestimmen Sie den Erklärungswert jeder Antwortalternative für die gegebene Situation und kreuzen Sie ihn auf der darunter befindlichen Skala an. Es ist möglich, dass mehrere Antwortalternativen den gleichen Erklärungswert besitzen.

◼ Deutungen

a) Es ist schon erstaunlich, dass Herr Grønli tatsächlich seine Visitenkarte abgibt, denn diese Art des Transports und der Bagatellisierung des Zusammenstoßes gehört in Norwegen zur üblichen»Tarnung« gerade höher stehender Personen, um Belästigungen zu entgehen.

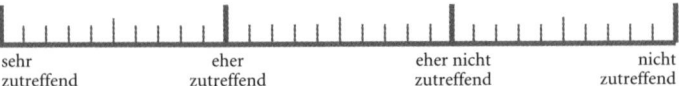

| sehr | eher | eher nicht | nicht |
| zutreffend | zutreffend | zutreffend | zutreffend |

b) Norwegen ist zwar ein teilweise fast menschenleeres Land, aber in der Osloer Innenstadt ist es eng. Weil viele Besucher Oslos den intensiven Verkehr nicht gewohnt sind, passieren Zusammenstöße der geschilderten Art fast zwangsläufig. Die Osloer sind darauf eingestellt und nehmen das nicht so wichtig. Herr Grønli hat Herrn Bender die Visitenkarte nur deshalb überreicht, weil er ihm als Ausländer einen Gefallen tun und ihn nicht irritieren wollte.

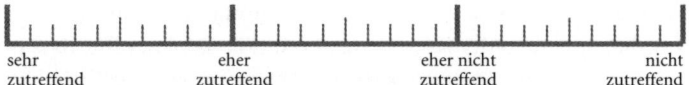

sehr	eher	eher nicht	nicht
zutreffend	zutreffend	zutreffend	zutreffend

c) In Norwegen haben Statussymbole wie zum Beispiel ein großes Auto eine relativ geringe Bedeutung. Herr Grønli hat das Ziel, möglichst schnell innerhalb der Innenstadt von A nach B zu kommen. So sucht er sein Fortbewegungsmittel aus – und tut dabei gleichzeitig noch etwas Gutes für seine Fitness. Das es dabei auch mal zu einem kleinen Unfall kommt, kann passieren, aber Gott sei Dank ist ihm ja nichts passiert, deshalb ist die Sache für ihn schnell erledigt.

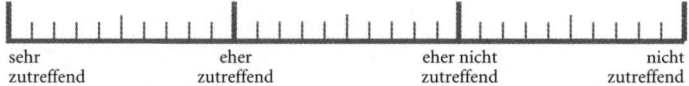

sehr	eher	eher nicht	nicht
zutreffend	zutreffend	zutreffend	zutreffend

d) Vermutlich handelt es sich um eine Namensverwechslung. Auch in Norwegen fahren hochgestellte Personen standesgemäß zur Arbeit, schon alleine um solchen Gefahren, wie sie hier geschildert werden, nicht ausgesetzt zu sein.

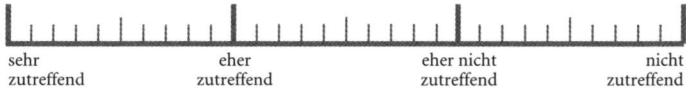

sehr	eher	eher nicht	nicht
zutreffend	zutreffend	zutreffend	zutreffend

– Versuchen Sie, Ihre Einstufung jeder Antwortalternative zu begründen. Halten Sie die Begründung in schriftlicher Form stichpunktartig fest.
– Lesen Sie nun die Erläuterungen zu jeder Antwortalternative durch und vergleichen diese mit Ihren eigenen Begründungen.

■ Bedeutungen

Erläuterung zu a):
Diese Aussage enthält ein Körnchen Wahrheit. Das egalitäre Ideal führt dazu, dass in Norwegen oft Personen, die aufgrund ihrer beruflichen Position oder weil sie wohlhabend sind eine besondere Position einnehmen, diese durch bewusst bescheidenes Auftreten »tarnen«. Die Absicht, mit diesem Verhalten Belästigungen zu entgehen, steckt aber sicher nicht dahinter. Im egalitären Norwegen kann auch der Kronprinz durch Oslo laufen, ohne dass er mit allzu großem Aufhebens wegen seiner Person zu rechnen hat.

Erläuterung zu b):
Es stimmt zwar, dass von den insgesamt 4,7 Millionen Einwohnern Norwegens (bei gleicher Grundfläche wie Deutschland) immerhin eine halbe Million in Oslo wohnen. Trotzdem ist die Stadt bezüglich ihres Verkehrsaufkommens nicht mit anderen europäischen Metropolen vergleichbar. Der Verkehr ist zwar intensiver als in ländlichen Gemeinden, jedoch immer noch recht übersichtlich und Zusammenstöße sind nicht an der Tagesordnung. Dass Herr Grønli Herrn Bender mit dem Überreichen der Visitenkarte nur einen Gefallen tun wollte, ist auch denkbar, jedoch nicht, weil er diese Situation so regelmäßig erlebt. Es muss also noch einen anderen Grund für das Verhalten von Herrn Grønli geben.

Erläuterung zu c):
Statussymbole werden im egalitären Norwegen nur sehr dezent zur Schau gestellt. Jeder, der möchte, fährt Fahrrad, sei er nun arm, reich, in wichtiger oder weniger wichtiger Position. Das wird sogar als etwas sehr Positives aufgefasst, denn es gilt, sich »volksnah« zu zeigen, anstatt sich sichtbar von anderen abzuheben. Auch gibt es keine konkreten Regeln bezüglich eines »standesgemäßen«, einer Position entsprechenden Fortbewegungsmittels. Die Gleichbehandlung von Personen, unabhängig beispielsweise von ihrer hierarchischen Stellung oder sozialen Herkunft, spielt in Norwegen eine sehr große Rolle. Es ist nicht üblich, dass höherrangige Personen per se mehr Respekt entge-

gengebracht wird als anderen. Vermutlich ist es für Herrn Grønli einfacher und effizienter, sein Ziel mit dem Fahrrad zu erreichen und er zieht es schon aus diesem Grund einem Wagen mit Privatchauffeur vor, auch wenn er sich diesen leisten könnte. Man erwartet in Norwegen auch keine Sonderbehandlung, nur weil man eine exponierte Position in der Gesellschaft innehat. Auch hier zeigt sich, dass Unterschiede in Hierarchie und Status in den Umgangsformen weitest möglich nivelliert werden. Diese Deutung ist also kulturell passend.

Erläuterung zu d):
Auch wenn es sich ungewöhnlicherweise im geschilderten Fall um eine Namensverwechslung handeln könnte, nicht zuletzt weil Grønli ein gebräuchlicher norwegischer Nachname ist, ist es durchaus üblich, dass auch hochgestellte Personen wie Abgeordnete oder Geschäftsleute in Norwegen mit dem Fahrrad oder den öffentlichen Verkehrsmitteln zur Arbeit fahren. Eine andere Deutung ist zutreffender.

■ Lösungsstrategie

In Deutschland spiegelt der Kommunikationsstil in der Regel das Status- und Rollenverhältnis zwischen den Kommunikationspartnern. In Norwegen wird Gleichheit nicht nur im Kommunikationsstil – wie im vorangegangenen Beispiel beschrieben – gelebt, sondern auch dadurch, dass Rangunterschiede und persönlicher Reichtum weniger sichtbar in Form von Statussymbolen zur Schau gestellt werden. Davon abweichendes Verhalten kann schnell als protzig gelten. Folglich wird es als etwas sehr Positives aufgefasst, wenn jemand mit dem Fahrrad zur Arbeit fährt, obwohl er sich eigentlich ein großes Auto leisten könnte. Es gilt, sich »volksnah« zu zeigen, anstatt sich sichtbar von anderen abzuheben. So ist beispielsweise Olav Thon, einer der reichsten Männer Norwegens und Besitzer einer Hotelkette, dafür bekannt und anerkannt, dass er ein Picknick in der Natur einem Galadinner in seinem Hotel vorzieht.

Ebenso ist die augenscheinliche Erwartung einer Sonderbehandlung aufgrund der eigenen Position inakzeptabel. Es gilt das Phänomen des »Antistatus«: »Man macht sich selber größer, indem man sich gleich macht« und macht so Unterschiede in Hierarchie und Status weitgehend unsichtbar. Man hat trotz Erfolg und Karriere ein umgänglicher Mensch zu bleiben. Überhebliches, herablassendes oder gönnerhaftes Verhalten werden hingegen vehement abgelehnt. Herr Grønli hatte folglich keinerlei Bedürfnis danach, anders behandelt zu werden als jeder andere in einer solchen Situation.

Herr Bender sollte es in seinem eigenen Verhalten Herrn Grønli gleichtun und auch für sich selbst keine »Extrawurst« aufgrund seiner Position, seines Titels oder seines Status erwarten. Es ist gängige Auffassung in Norwegen, dass je höher der Status, desto geringer das Bedürfnis sein sollte, diesen deutlich zu markieren.

▓ Beispiel 3: Der »Sekretärinnenjob«

▓ Situation

Frau Ehmann arbeitet seit zwölf Jahren für eine norwegische Firma in Oslo. Zusammen mit ihrem deutschen Kollegen Herrn Ruge sitzt sie in einem wichtigen Gespräch mit dem Vorstandsvorsitzenden einer norwegischen Firma, Herrn Sæthre, in einem Besprechungsraum im Kantinenbereich. Für die Besprechung ist Kaffee und etwas zu essen bereitgestellt worden. Nach Beendigung des Gespräches räumt Herr Sæthre wie selbstverständlich das Geschirr seiner Gäste ab und stellt es auf einen Servierwagen. Auf dem Rückweg in die Firma erwähnt Frau Ehmann ihrem Kollegen Herrn Ruge gegenüber, wie toll sie es findet, dass ein älterer Mann in dieser Position so rücksichtsvoll ist und das Geschirr wegräumt, anstatt alles seiner Sekretärin zu überlassen, und dass sie das noch nie erlebt hätte. Herr Ruge ist da ganz anderer Meinung. Er findet es unmöglich, dass jemand sich so benimmt! Das entspräche einfach nicht seiner Position und Rolle! Schließlich habe er doch eine Sekretärin, die für solche Dinge zuständig sei. Nun ist Frau Ehmann verunsichert, denn sie weiß nicht, wie sie das Verhalten von Herrn Sæthre interpretieren soll.

– Lesen Sie nun die Antwortalternativen nacheinander durch.
– Bestimmen Sie den Erklärungswert jeder Antwortalternative für die gegebene Situation und kreuzen Sie ihn auf der darunter befindlichen Skala an. Es ist möglich, dass mehrere Antwortalternativen den gleichen Erklärungswert besitzen.

■ Deutungen

a) Herr Sæthre hat schlicht vergessen, seine Sekretärin zu dem Kundengespräch hinzuzuziehen. So fühlt er sich verpflichtet, mit anzupacken, damit das Versäumnis nicht zu auffällig wird.

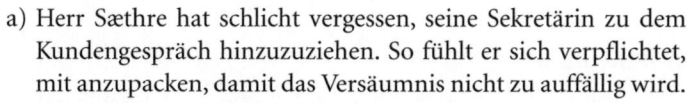

| sehr zutreffend | eher zutreffend | eher nicht zutreffend | nicht zutreffend |

b) In Norwegen haben ältere Menschen ein so hohes Ansehen, dass sie nichts zu verlieren haben. Sie können alles tun, auch Gästegeschirr mit abräumen, ohne dass irgendjemand auch nur auf die Idee kommt, dass dies unter ihrer Würde sei.

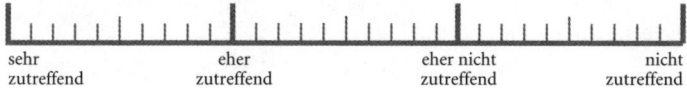

| sehr zutreffend | eher zutreffend | eher nicht zutreffend | nicht zutreffend |

c) Da das Kundengespräch bei Herrn Sæthre in den Räumlichkeiten seiner Firma stattfindet, ist für alle seine Mitarbeiter klar, dass er auch das Geschirr seiner Gäste wegräumt. Er ist hier der Hausherr und nimmt nur seine Pflichten wahr.

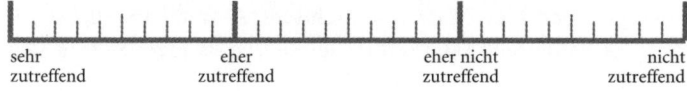

| sehr zutreffend | eher zutreffend | eher nicht zutreffend | nicht zutreffend |

d) Es ist in Norwegen nicht wichtig, sich einer bestimmten Rolle gemäß zu verhalten. Dass Herr Sæthre in seiner Position als Vorstandsvorsitzender diese Aufgabe übernimmt, ist in Norwegen keine Besonderheit, denn bescheidenes Auftreten ist hoch angesehen und so führt sein Verhalten eher dazu, dass er im Ansehen des Gegenübers steigt.

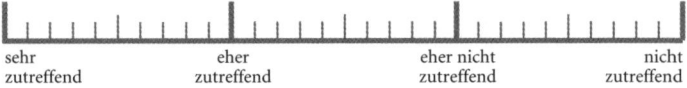

| sehr zutreffend | eher zutreffend | eher nicht zutreffend | nicht zutreffend |

– Versuchen Sie, Ihre Einstufung jeder Antwortalternative zu begründen. Halten Sie die Begründung in schriftlicher Form stichpunktartig fest.
– Lesen Sie nun die Erläuterungen zu jeder Antwortalternative durch und vergleichen diese mit Ihren eigenen Begründungen.

■ Bedeutungen

Erläuterung zu a):
Die Situationsschilderung gibt zunächst keinen Hinweis darauf, ob die Sekretärin von Herrn Sæthre über das Kundengespräch informiert wurde und im Büro anwesend war. In Norwegen ist es jedoch in der Regel nicht Aufgabe der Sekretärin, Kaffee zu kochen, für andere aufzuräumen oder einen riesigen Stapel an Kopien zu erledigen, dies wird oft von jedem Einzelnen selber erledigt. Auch hier ist der hierarchische Abstand möglichst gering. Es ist deshalb sehr wahrscheinlich, dass Herr Sæthre sich unabhängig von seiner Sekretärin genauso verhalten würde, wie er es im obigen Beispiel getan hat. Es muss also eine andere Erklärung für sein Verhalten geben.

Erläuterung zu b):
Im norwegischen Berufsleben genießen ältere Menschen insofern oft ein hohes Ansehen, da Lebensalter mit Praxiserfahrung und damit auch mit Kompetenz einhergeht. Das zählt in Norwegen oft mehr als eine gerade abgeschlossene gute Ausbildung. Von noch höherer Bedeutung ist in Norwegen die Länge der Betriebszugehörigkeit. Diese so genannte *Ansienitet* gepaart mit einer guten Arbeitsleistung verschafft dem Einzelnen mit der Zeit automatisch Privilegien und verleiht seiner Stimme mehr Gewicht. Dies steht aber in der vorliegenden Situation nicht zur Diskussion. Eine andere Deutung ist passender.

32

Erläuterung zu c):
Dieser Aspekt spielt in der vorliegenden Situation sicherlich eine Rolle. Herr Sæthre ist der Gastgeber und räumt deshalb auch nach dem Gespräch auf. Da die Besprechung jedoch in Räumlichkeiten stattfindet, in denen das Kantinenpersonal für so etwas zuständig ist, ist sein Verhalten also keine Selbstverständlichkeit. Es gibt aber noch eine zutreffendere Deutung.

Erläuterung zu d):
In dieser Situation wird die egalitäre Struktur wieder sichtbar. Hierarchische Unterschiede sind vorhanden und werden auch wahrgenommen, aber man zeigt diese Unterschiede nicht offen und zieht keinen Vorteil aus ihnen. Mit einem solch bescheidenen Verhalten erwirbt man in Norwegen Respekt und zeigt, dass man »am Boden geblieben ist« und die Position einem nicht zu Kopf gestiegen ist. Sich »als Chef aufspielen« und herablassend von anderen bedienen zu lassen, gilt in Norwegen als sehr unangemessen und arrogant. Generell gibt es in Norwegen weniger klare, allgemein gültige Regeln für das Verhalten gemäß unterschiedlicher Rollen, wie beispielsweise dem Vorgesetzten und dem Familienvater. Während in Deutschland tätige Ausländer oft erstaunt reagieren, wenn sie ihren sonst so förmlichen Chef am Wochenende in lässiger Kleidung mit den Kindern im Park spielen sehen, sind die Unterschiede zwischen Privatperson und Arbeitsperson weniger stark ausgeprägt und auch nicht angestrebt (vgl. hierzu auch Themenbereich 6 »Gleichwertigkeit von Arbeit und Privatleben«).

■ Lösungsstrategie

In Norwegen herrscht ein starker Anspruch auf Gleichheit in der Gesellschaft. Sozialer Status oder Rang ist für die Interaktion zwischen Personen nicht auf die gleiche explizite Weise bestimmend wie in Deutschland, wo es gewisse formale Kriterien gibt, nach denen man sich in gewissen Situationen verhält. Während sich in Deutschland das Status- und Rollenverhältnis oft im Verhalten und in der Kommunikation widerspiegelt, werden in Norwegen existierende Unterschiede im direkten Kontakt eher durch gezieltes Verhalten bewusst nivelliert. Speist der Direktor gemeinsam mit seinen Mitarbeitern in der Kantine, ohne dass erkennbar ist, wer der Chef ist, und plaudert man gleichermaßen entspannt und ohne Anzeichen von Rangunterschieden mit dem Pförtner wie mit dem Vorstandsvorsitzenden, entspricht dies horizontalen Beziehungen, wie man sie in Norwegen anstrebt. Niemand sollte sich als wichtiger, besser oder klüger darstellen und damit sein Gegenüber auf- oder abwerten. Die positionsbedingten individuellen Rangunterschiede sind zwar allen beteiligten Personen klar, sie werden aber in den Umgangsformen nicht sichtbar. Auch hier gilt wieder das schon erwähnte Phänomen des »Antistatus«: Tut man als Chef Dinge, die normalerweise nicht zum eigenen Aufgabengebiet gehören, steigt man eher im Ansehen, als dass man sich dadurch kleiner macht. Ebenso wie im Verhalten zeigt sich das Gleichheitsideal auch in der geringen Bedeutung von Ä ußerlichkeiten. Häufig ist auch in den Führungsetagen ein informeller Kleidungsstil anzutreffen und weder die Büroeinrichtung noch die Größe des Raumes unterscheiden sich von denen der Mitarbeiter.

Herr Ruge täte also gut daran, das Verhalten von Herrn Sæthre auf für Norweger angemessene Weise deuten zu lernen. Status lässt sich in Norwegen nicht an der Intensität des »Chefgehabes« messen, sondern bescheidenes Auftreten genießt hohes Ansehen. Gerade die durch Leistung und Position respektierte Führungspersönlichkeit hat es nicht nötig, sich herauszuheben. Herr Sæthre genießt eine unumstrittene Position in der Firma und kann aus diesem Grunde tatsächlich »alles« tun, ohne dass jemand auch nur auf die Idee kommt, dass dies unter seiner Würde sei.

Auch ist Herrn Ruge ans Herz zu legen, in seinem Verhalten auf ihm möglicherweise aus Deutschland vertraute Statusmarkierungen und Förmlichkeitsregeln zu verzichten. Ein solches Verhalten gilt in Norwegen als unschicklich und wird über kurz oder lang sanktioniert.

Es ist allerdings auch Vorsicht geboten: während zuviel Förmlichkeit von Seiten der Deutschen in Norwegen oft belächelt wird, verleitet die erlebte informelle Umgangsweise manche Deutsche dazu, vorhandene Statusunterschiede und Hierarchien zu übersehen oder zu unterschätzen. Wird die Umgangsform allzu plump-vertraulich, kann es durchaus zu Verstimmungen kommen. Auch wenn die Unterschiede nicht in für Deutsche gewohnter Weise im Verhalten und in der Kommunikation sichtbar gemacht werden, so sind sie doch allen bewusst. Herr Ruge muss mit der Zeit eine Sensibilität dafür entwickeln, auf welche Weise und in welchem Umfang in Norwegen Respekt geäußert wird. Dies kann passieren, indem man etwas vorsichtiger mit der Kontaktaufnahme ist, durch Körpersprache oder dadurch, dass jemandem – beispielsweise in einer Besprechungssituation – mehr Gehör geschenkt wird. Für Deutsche ist es nicht einfach, diese subtilen Ausdrucksweisen so wahrzunehmen, dass sie adäquat reagieren können, wohingegen sie für Norweger selbstverständlich sind.

■ Hintergrundinformationen zu »Soziale Gleichheit«

Das Ideal der sozialen Gleichheit ist in Norwegen von zentraler Bedeutung. Die Skala sozialer Distinktionsmerkmale ist in der norwegischen Gesellschaft sehr dezent und bei der Organisation des gesellschaftlichen Miteinanders sowie im Arbeitsleben steht das Leben und Erleben von »Gleichheit« ohne sichtbare Hierarchien im Vordergrund.

■ Keine sichtbare Hierarchie in der Gesellschaft

Hierarchien und Klassenunterschiede sind im Miteinander kaum sichtbar. Statusunterschiede bezüglich persönlichen Reichtums, akademischer Titel und beruflicher Karriere werden nicht nach außen gezeigt. Das Streben nach Gleichheit zeigt sich auf verschiedenen Ebenen des gesellschaftlichen Miteinanders. Im privaten Kontext wird Reichtum nicht offen zur Schau gestellt, sondern man zeigt weit mehr als in Deutschland Maßhaltung nach außen und möchte möglichst wenig Unterschiede sichtbar machen. Der Begriff der »Volksnähe« hat einen sehr positiven Klang in der norwegischen Kultur. So war das Verhalten des norwegischen Königs Olav V. im Jahre 1973 im Zusammenhang mit dem Sonntagsfahrverbot im Rahmen der Ölkrise von hohem symbolischen Wert, weil er so wie jeder Mann aus dem Volke mit der Straßenbahn fuhr, und dies noch dazu in Freizeitkleidung. Villen, Luxusautos oder Titel, die in Deutschland als positive Statussymbole für Erfolg und Leistung gelten können, haben wenig Bedeutung in der norwegischen Gesellschaft. Stattdessen können solche traditionell mit dem Etikett des »reichen Mannes« behafteten Dinge schnell zum negativen Statussymbol werden, was im Norwegischen durch den Begriff »Antistatus« ausgedrückt wird. Stellt man sie zur Schau, hebt man sich mit ihnen nicht im Ansehen der anderen hervor, sondern erreicht das Gegenteil. Ihr Vorzeigen gilt als unangemessen, angeberisch und deshalb schnell als lächerlich. Das ist vermutlich auch der Grund, warum die exklusiven Modelle der Automarke Audi in Norwegen meist ohne Angabe von Modell oder Motorgröße an der Karosserie vorzufinden sind.

Es gibt jedoch einige Dinge, die in der Vergangenheit nicht mit Status und Reichtum behaftet waren und deshalb gemeinschaftlich akzeptiert sind, auch wenn sie tatsächlich sehr teuer sind. Ein Beispiel ist die Hütte in den Bergen oder am Meer, die in Norwegen ein starkes nationales Symbol ist. Bei Deutschen löst es oft Verwirrung aus, dass es als akzeptierter gilt, eine teure Hütte zu kaufen, als einen Urlaub in einem 5-Sterne-Hotel zu verbringen, obwohl dies de facto weniger kostet.

Das egalitäre Ideal zeigt sich auch in einer kaum vorhandenen Bildungshierarchie. Ausbildung an sich sowie Expertentum haben einen im Vergleich zu Deutschland geringeren Status. Für die Gehälter gilt, dass der Abstand zwischen einem gering qualifizierten Mitarbeiter und einer hoch qualifizierten Führungskraft gering ist. In Bezug auf diesen geringen Einkommensunterschied zwischen der obersten und der untersten Schicht rangiert Norwegen auf Platz 6 der OECD-Länder (OECD, 2006, online). Generalistentum und praktisches Können auf vielen verschiedenen Gebieten genießen demgegenüber sehr hohes Ansehen. Erfahrung zählt oftmals mehr als die formale Qualifikation. So wird uneingeschränkter Respekt gegenüber Autoritäten oder Experten und deren Meinung als unreflektiert empfunden. Stattdessen gilt: »Man denkt selbst.« Jeder hat das Recht, sich mit seiner Meinung und seinen Ideen zu Wort zu melden, unabhängig davon, ob er die formale Qualifikation und fachliche Kompetenz besitzt oder nicht. Sich hingegen aufgrund seiner Ausbildung als überlegen darzustellen und andere zu belehren, ist nicht akzeptiert. Alles in allem empfinden Deutsche diese Einstellung teilweise als so stark, dass sie sie geradezu als Intellektuellenfeindlichkeit wahrnehmen.

Auch die norwegische Einheitsschule, die alle, auch behinderte Kinder, die ersten zehn Jahre gemeinsam besuchen, symbolisiert nach außen Gleichheit.

■ Gleichberechtigung der Geschlechter

Die berufliche Gleichstellung der Frau ist in Norwegen sehr viel weiter fortgeschritten als in Deutschland. Seit mehreren Jahrzehnten gibt es staatliche Quotenregelungen in allen Bereichen, in denen Frauen unterrepräsentiert sind. Laut einer UNO-Studie aus dem Jahr 2003 hatte Norwegen mit 69 % den weitaus höchsten Anteil an berufstätigen Frauen unter 16 Staaten Europas. Mit einer Geburtenrate von 1,8 und einem Anteil berufstätiger Mütter von 83 % liegt Norwegen nach Dänemark an zweiter Stelle der OECD-Staaten (OECD, 2006, online).

Die familiären Pflichten sind in der Regel gleichberechtigt zwischen Mann und Frau aufgeteilt, da beide berufstätig sind und beiden das berufliche Vorwärtskommen ermöglicht werden soll. Auch hier unterstützt der Staat finanziell mit bezahltem Mutter-/Vaterschaftsurlaub und subventionierten Kindergartenplätzen ab Beginn des zweiten Lebensjahres. Der Berufstätigkeit und den familiären Verpflichtungen wird die gleiche Wichtigkeit beigemessen, so dass auch ein Mann ganz selbstverständlich hin und wieder früher eine wichtige Besprechung verlässt, um sein Kind abzuholen. Eine Aussage wie: »Kann sich nicht Ihre Frau darum kümmern?« ist ein sicherer Weg, in der norwegischen Gesellschaft sein Ansehen zu verlieren. Die traditionelle Frauenrolle, wie sie in der klassischen patriarchalischen Gesellschaftsordnung definiert wird, gilt als Erniedrigung. Auch der öffentliche Umgang in Norwegen im privaten wie auch im beruflichen Kontext ist stark durch Gleichberechtigung gekennzeichnet. Eine betont »gentlemanlike«, zuvorkommende Behandlungen der Frau durch den Mann ist unüblich und gilt als überholt. Für Deutsche ist dies in der Interaktion mit Norwegern oft ungewohnt: So können Komplimente über das Aussehen der Geschäftspartnerin schnell als unpassend und diskriminierend empfunden werden. Frauen wiederum müssen sich an das »schlechte Benehmen« der norwegischen Männer gewöhnen, die eine Frau nicht anders behandeln als ihre männlichen Kollegen.

■ Flache Unternehmensstruktur

Im beruflichen Kontext wird das Gleichheitsideal in der äußerlich sehr egalitären Betriebsstruktur mit flachen Hierarchien deutlich, in der man als »Gleicher unter Gleichen« arbeitet. Die verschiedenen Ebenen und Positionen werden dabei kaum sichtbar. Mehr als in Deutschland wird die Entscheidungsbefugnis auch auf die unteren Ebenen delegiert. Der einzelne Mitarbeiter hat ungeachtet seiner hierarchischen Position die Möglichkeit, Ideen und Vorschläge beizutragen.

Der Umgang am Arbeitsplatz hat einen sehr informellen Charakter, wodurch eine Atmosphäre von Gleichheit hergestellt wird und horizontale Beziehungen gefördert werden. Weder der soziale Status noch die Position sind nach außen hin für die alltägliche Interaktion zwischen Personen bestimmend und vorhandene Hierarchieunterschiede werden durch einen betont informellen und gleichberechtigten Kommunikationsstil nivelliert (siehe hierzu auch Themenbereich 2 »Verdeckte Hierarchien«). Jedem Mitarbeiter wird die gleiche Wertschätzung für seine Arbeit entgegengebracht. Für einen Beobachter von außen ist es schwer, anhand der Interaktion in einem Unternehmen die tatsächliche Rangordnung festzustellen. Die Anredeform »Sie« gibt es nur gegenüber den Mitgliedern der Königlichen Familie. In der Regel spricht man sich mit Vornamen an und der Gebrauch des Nachnamens dient allein dazu, eine formelle Beziehung auszudrücken. Auf eine formale Anrede, in der die hierarchische Position des Gegenübers oder dessen Titel zum Ausdruck kommt, wird weder im mündlichen noch im schriftlichen Kontakt Wert gelegt. Auch Titeln wird in Norwegen kaum Bedeutung beigemessen, da mit ihnen wenig Prestige oder Statusgewinn verbunden ist. Zwar erkennt man die Leistung an, die für ihren Erwerb nötig war, jedoch gilt auch hier wieder, dass man dies nicht offen zeigt. Besteht jemand darauf, mit seinem Titel angesprochen zu werden, so wird dies als anmaßend und angeberisch empfunden.

Die förmlichen und dadurch für Norweger distanzierenden Umgangsformen vieler Deutscher werden eher belächelt. Verhaltensvorschriften nach Etikette gibt es kaum und so kann es schon einmal passieren, dass während einer Konversation die Hände des Gegenübers in dessen Hosentaschen verbleiben oder jemand sich nach dem Essen in einem Restaurant am Tisch vor den Augen der Tischnachbarn mit dem Zahnstocher die Essensreste entfernt.

In leitender Position zu sein bedeutet, zu motivieren, zu unterstützen, als Teamplayer die Arbeit zu delegieren und damit Verantwortung und Pflichten auf andere zu übertragen. Auch hier gilt es, sich »nah am Mitarbeiter« zu zeigen. Das wiederum bringt der Führungskraft Loyalität und Motivation der Mitarbeiter ein. Die Position und die damit verbundene Macht wird hingegen nicht offen gezeigt oder in Anspruch genommen. »Chefgehabe«, also ein manieriertes und autoritäres Verhalten, wird klar abgelehnt, da es ein unangemessenes Hervorheben der hierarchisch übergeordneten Position bedeutet. Die Konsequenz wäre Demotivation der Mitarbeiter und möglicherweise sogar passiver Widerstand. Stattdessen werden Anweisungen verpackt und indirekt, zum Beispiel in Form von Bitten, kommuniziert. Auch müssen sie stets sinnvoll begründet werden, um so das Verständnis der Mitarbeiter zu gewinnen. Als norwegische Führungskraft besitzt man nicht allein kraft seiner Position Autorität und Macht. Man erarbeitet sich diese durch persönliche Eigenschaften, soziale Fähigkeiten und gute Argumente.

Situationen, in denen Unterschiede sichtbar werden könnten, weicht man aus und betont stattdessen lieber die Gemeinsamkeiten. So wird in Mittagspausen, an denen Kollegen aus verschiedenen Hierarchieebenen teilnehmen, das Gespräch über fachliche Themen und die eigene Arbeit vermieden, unter anderem, um die Hierarchien nicht offenlegen zu müssen. Auch bei privaten Feierlichkeiten ist es nicht üblich, beim Smalltalk mit Unbekannten über den Beruf zu sprechen. Im Mittelpunkt stehen Gespräche über Freizeitaktivitäten wie Angeln, Segeln oder die Hütte, von denen in der Regel alle berichten können. Dies hängt zu einem gewissen Grad mit dem in Themenbereich 6 »Gleichwertigkeit von Arbeit und Privatleben« beschriebenen Stellenwert des Berufslebens in Norwegen zusammen, ist jedoch auch ein sicherer Weg, um dem peinlichen Zurschaustellen von Statusunterschieden zu entgehen.

■ Kulturelle Verankerung von »Soziale Gleichheit«

Möchte man die identifizierten Kulturstandards in ihren historischen Kontext einbetten, lässt sich für Norwegen folgende grundsätzliche Besonderheit feststellen: Die norwegische Geschichte ist in sehr hohem Maße durch Kontinuität, territoriale Stabilität und im direkten Vergleich zu Deutschland durch das Fehlen historischer Brüche gekennzeichnet. Dies spiegelt sich auch in der hohen Stabilität des politischen Systems wieder: »Norwegian democracy has been remarkably durable [...] Norwegian democracy has existed and functioned well since the separation from Denmark in 1814« (Eckstein, 1966, S. 11). Norwegen war und ist ein sehr egalitäres, liberales und friedfertiges Land. Die Entwicklungen innerhalb des letzten Jahrhunderts haben Norwegen von einem unbedeutenden, armen Land an der Peripherie Europas in eine hochmoderne Nation verwandelt. Die spät und dadurch umso rascher einsetzende Industrialisierung am Ende des 18. Jahrhunderts und die schnelle Urbanisierung hat zwar erwartungsgemäß zu einer gesellschaftlichen Veränderung geführt, jedoch haben die Strukturen und sozialen Verhaltensweisen der prämodernen Gesellschaft in höherem Maße als anderswo in die Moderne hinein überlebt: »Nothing, in fact, attests more emphatically to the strength of these attitudes and behavior patterns than that they have so substantially survived in, and modified the consequences of, sweeping social changes that elsewhere have transformed both the face and the heart of society« (Eckstein, 1966, S. 80).

Auch die norwegische Gleichheitsideologie in ihrer heutigen Form hat tiefe historische Wurzeln. Schon zu Zeiten der Wikinger herrschte Gleichheit zwischen den selbstständigen Bauern. Im Mittelalter entzog die Pest dem Adel seine Lebensgrundlage. »Ohne Bauern keinen Adel« (Meyer, 2001b, S. 112). Seit dem Mittelalter besitzt Norwegen demnach keinen nennenswerten Feudaladel und keine Leibeigenschaft unter den Bauern. »Die Imagination des freien Bauern bestimmte die Lebenskultur der Norweger. Der Ausgangspunkt war die ländliche Siedlung« (Werler, 2004, S. 271). Bis ins 20. Jahrhundert hinein war der größte Teil der norwegischen Bevölkerung im primären Sektor tätig. Noch die Eltern oder Großeltern der meisten heute lebenden Norweger waren Bauern oder Fischer. »Obwohl es in einzelnen Regionen Großbauern gegeben hat, stellten kleine, selbständige Bauernhöfe die Regel dar« (Vahsen, 1997, S. 40). Im dünn besiedelten Norwegen spielte schon früh das Generalistentum im Sinne der Beherrschung mehrerer Fähigkeiten eine wichtige Rolle. Der Bauer oder Tagelöhner arbeitete unspezialisiert, übte aber verschiedenste Tätigkeiten aus, die sich vorwiegend auf den eigenen Konsum bezogen (Werler, 2004). Jeder Einzelne zählte und wurde gebraucht. Diese Tatsache »bedingte, dass Statusunterschiede zwischen Berufsgruppen in Skandinavien schwer zu ziehen waren. Jeder übte zunächst jede Tätigkeit aus. Der Bauer war Schmied, Tischler oder aber Fischer. Insofern begründet sich darin die Betonung von Gleichwert und Gleichheit der Menschen im heutigen Skandinavien« (Werler, 2004, S. 272).

Auf dem Weg in die Moderne musste die norwegische Gesellschaft im Gegensatz zur deutschen nicht gegen die Widerstände eines mächtigen und konservativen Adels kämpfen. »An die Stelle des Adels trat nach und nach eine neue, mittelständische Elite, wie sie in Europa wohl ohnegleichen war. Sie setzte sich aus dem dänischen Amtsadel und dem norwegischen Handelsbürgertum zusammen« (Meyer, 2001b, S. 112). Diese beeinflusste Wirtschaft, Kultur und Politik, aber auf keinem dieser Gebiete gab es eine starke Kluft zwischen Obrigkeit und Untergebenen, sondern es war eine hohe soziale Mobilität bezüglich Status, Titel und Geld in der Gesellschaft vorzufinden (vgl. Meyer, 2001c, Übersetzung der Autorin). Hieraus entwickelte sich ein egalitäres Prinzip und ein demokratischer Charakter und beides ist bis heute tief in der norwegischen Gesellschaft verankert. Über König Charles XIV. von Schweden-Norwegen, einen ehemaligen französischen General, berichten die Historiker, dass er größere Probleme hatte, sich an die egalitäre schwedische und norwegische Mentalität anzupassen, als an die starken verfassungsmäßigen Rechte seiner Untertanen (Hofstede, 1997).

Im 20. Jahrhundert baute die in den 1930er Jahren erstarkende Sozialdemokratie auf dieser Tradition auf. Im Vergleich zu Deutschland ist das politische Spektrum Norwegens nach links verschoben und seit dem Ende des Zweiten Weltkrieges hat die Arbeiterpartei eine unangefochten dominierende Stellung. Sie konzentriert sich auf den Ausbau des Wohlfahrtsstaates, dessen Grundstein 1885 mit der Einführung der gesetzlichen Sozialversicherung gelegt worden war und der einmal mehr die egalitäre Grundhaltung in der Gesellschaft widerspiegelte: Nach mehreren Jahrhunderten unter fremder Herrschaft besteht der Wunsch, nun alle Mitbürger in die Unabhängigkeit mitzunehmen. In den 1970er Jahren erfolgt die offizielle Abschaffung der »Sie«-Form und damit der endgültige Abschied von der formellen Gesellschaft. Auch akademische Titel sind seither nicht mehr üblich im alltäglichen Sprachgebrauch.

Parallel dazu entwickelte sich auch eine starke Frauenbewegung. Schon im Jahre 1913 hatte Norwegen als erstes Land die formale politische Gleichheit der Geschlechter etabliert. Seit 1981 muss in allen öffentlichen Ausschüssen, Vorständen und Ämtern jedes Geschlecht mindestens 40 % der Mitgliederzahl ausmachen und der hohe Anteil weiblicher Mitglieder in Parlament und Regierung war lange Zeit einzigartig in Europa. Die ausgeprägte Gleichberechtigung zwischen Mann und Frau blickt jedoch schon auf eine weit längere Tradition zurück. Frauen sind in der norwegischen Gesellschaft im Grunde immer berufstätig gewesen. Obwohl Haus und Küche traditionell Frauenarbeit war, partizipierten Frauen in hohem Maße auch in den anderen Arbeiten auf dem Hof und bei der Ausnutzung von Naturressourcen wie den hohen Fischereivorkommen. Somit war der Weg zu einer formalen Gleichstellung zwischen Mann und Frau in Norwegen auch in der spezialisierten Industriegesellschaft verhältnismäßig kurz.

■ Themenbereich 2:
Verdeckte Hierarchien

■ Beispiel 4: Das Organigramm

■ Situation

Herr Mendel ist seit kurzem in leitender Funktion in einer großen norwegischen Firma in Oslo angestellt. Gleich zu Beginn versucht er, sich einen Überblick über die Organisationsstruktur und die Zuständigkeiten zu verschaffen, und ist schnell frustriert: Für ihn ist die Organisation ein einziges Durcheinander, in dem »keiner für nichts zuständig ist«. Die einzelnen Ressorts sind unklar abgegrenzt und es gibt diverse Überschneidungen bezüglich der Verantwortlichkeiten. Herr Mendel fände es sinnvoll, ein wenig mehr Struktur zu schaffen und Verantwortlichkeiten ganz klar festzulegen, allein schon um zu effizienteren Ablaufprozessen zu kommen. Als er sein Anliegen dem Leiter der Organisation vorträgt, sagt dieser zu ihm: »Mir ist das ganze formelle Organigramm egal, solange alle gut zusammenarbeiten. Das ist mir wichtig.« Herrn Mendel ist diese Einstellung unbegreiflich: Er fühlt sich hilflos in diesem »Chaos«.

– Lesen Sie nun die Antwortalternativen nacheinander durch.

– Bestimmen Sie den Erklärungswert jeder Antwortalternative für die gegebene Situation und kreuzen Sie ihn auf der darunter befindlichen Skala an. Es ist möglich, dass mehrere Antwortalternativen den gleichen Erklärungswert besitzen.

■ Deutungen

a) In Norwegen gibt es kein Spezialistentum mit jeweils festen
   Aufgaben- und Zuständigkeitsbereichen. Gefragt ist der »Ge-
   neralist«, der überall einsetzbar ist. Das gerade ist die Stärke
   norwegischer Firmen: Ein hohes Maß an Flexibilität ihrer Mitarbeiter. Alle packen mit an, wenn etwas zu erledigen ist.

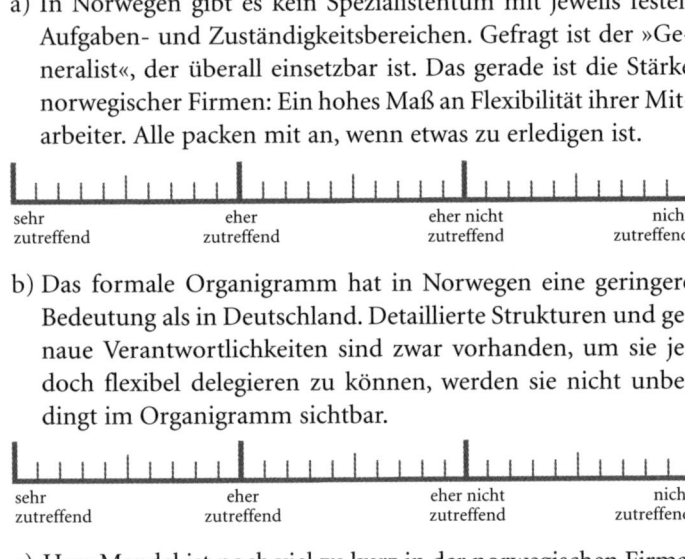

| sehr | eher | eher nicht | nicht |
| zutreffend | zutreffend | zutreffend | zutreffend |

b) Das formale Organigramm hat in Norwegen eine geringere
   Bedeutung als in Deutschland. Detaillierte Strukturen und ge-
   naue Verantwortlichkeiten sind zwar vorhanden, um sie jedoch flexibel delegieren zu können, werden sie nicht unbedingt im Organigramm sichtbar.

| sehr | eher | eher nicht | nicht |
| zutreffend | zutreffend | zutreffend | zutreffend |

c) Herr Mendel ist noch viel zu kurz in der norwegischen Firma,
   um die vielen informellen Ablaufprozesse zu kennen. Mit seinem Strukturierungsvorschlag stößt er beim Leiter der Organisation verständlicherweise auf Widerstand.

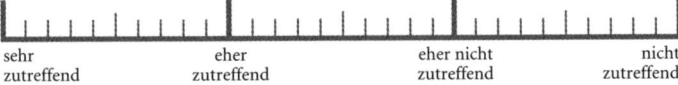

| sehr | eher | eher nicht | nicht |
| zutreffend | zutreffend | zutreffend | zutreffend |

d) Norwegische Firmen sind klein und übersichtlich. Aufgrund
   der vielen Besprechungen kennt jeder jeden und formelle Rol-
   len- und Positionszuweisungen sind völlig überflüssig.

| sehr | eher | eher nicht | nicht |
| zutreffend | zutreffend | zutreffend | zutreffend |

- Versuchen Sie, Ihre Einstufung jeder Antwortalternative zu
  begründen. Halten Sie die Begründung in schriftlicher Form
  stichpunktartig fest.
- Lesen Sie nun die Erläuterungen zu jeder Antwortalternative
  durch und vergleichen diese mit Ihren eigenen Begründungen.

■ Bedeutungen

Erläuterung zu a):
Spezialisten genießen in Norwegen keinen mit Deutschland vergleichbaren Status, man legt eher Wert auf Generalistentum, also breites Wissen und Können. Das ist jedoch nicht die richtige Erklärung für das, was hier passiert.

Erläuterung zu b):
Das Organigramm ist in Norwegen Theorie, nicht eine detaillierte Abbildung der Wirklichkeit. Flexibilität und Pragmatismus kommt eine hohe Bedeutung zu und so kann Entscheidungsbefugnis von der Führungskraft innerhalb eines gewissen Umfangs flexibel an die Mitarbeiter quer durch unterschiedliche Hierarchieebenen delegiert werden. Ebenso flexibel und ohne größeren Gesichtsverlust kann die Verantwortung, da sie nicht formalschriftlich festgehalten wurde, auch zurückgenommen und zum Beispiel einer anderen Person übertragen werden. Was der Führungsebene Handlungsflexibilität gibt und den Mitarbeitern schnelle Entwicklungschancen bietet, kann jedoch für einen Neuling zunächst sehr unübersichtlich wirken.

Erläuterung zu c):
Herr Mendel ist vermutlich tatsächlich für einen zu kurzen Zeitraum in der Firma beschäftigt, um die vielen Ablaufprozesse zu kennen und zu durchschauen, und so könnte er mit dem Änderungsvorschlag bei seinem Chef durchaus auf Widerstand stoßen. In Norwegen ist generell davon abzuraten, als Neuling gleich Verbesserungsvorschläge auf den Tisch zu legen. Ausbildungshintergrund oder hierarchische Position allein geben einem dieses Recht noch nicht, seinen Status in der flachen hierarchischen Struktur muss man sich im Laufe der Zeit erarbeiten. Aber das Hauptproblem liegt hier darin, dass Herr Mendel nicht versteht, warum das Organigramm nicht viel detaillierter die Verantwortlichkeiten und Prozesse abbildet.

Erläuterung zu d):
An dieser Antwort ist zwar etwas Wahres dran, da viele Firmen in Norwegen tatsächlich kleine Betriebe sind, auf die diese Aus-

sage zutreffen könnte. Jedoch hätte Herr Mendel, der ja in leitender Position tätig ist und folglich über eine längere Berufserfahrung verfügen wird, sicherlich nicht so überrascht reagiert, wenn es sich nur um die für eine kleine Firma typischen informelleren Strukturen handeln würde.

■ Lösungsstrategie

Herr Mendel wünscht sich ein Organisationschart, in dem, wie er es aus Deutschland gewohnt ist, alle wichtigen Zuständigkeiten, hierarchischen Positionen und Abläufe detailliert abgebildet sind. Um sich schnell und effizient einarbeiten zu können, möchte er sich ein genaues Bild davon machen können, wer in seiner Firma was, wie und mit wem tut, er sucht sozusagen nach einer Landkarte. Stattdessen erhält er ein grobes Übersichtschart und erkennt schnell, dass dies oft nicht einmal mit der erfahrenen Realität übereinstimmt. Und dann sagt ihm sein Chef auch noch, dass ihm das Organigramm eigentlich ganz egal sei. Herr Mendel weiß einfach nicht, wie er sich orientieren und Transparenz verschaffen soll. Dabei geht es ihm wie vielen anderen Deutschen, die in Norwegen tätig sind.

Er muss verstehen, dass Verantwortlichkeiten und Abläufe hier flexibler delegiert werden als in Deutschland. Auch muss er sich darüber bewusst sein, dass Veränderungen dieser Verantwortlichkeiten flexibel und schnell vorgenommen werden können und dabei nicht unbedingt formal auf dem Papier dokumentiert werden. Diese Flexibilität könnte auch ihm einmal zugute kommen, wenn ihm schnell und ohne größere Formalität eine verantwortliche Aufgabe übertragen wird. Er wird sich allerdings in der Einarbeitungsphase in Geduld üben müssen, da es vermutlich länger dauern wird als in Deutschland, bis er die Strukturen durchschaut, die jeweiligen Entscheidungsträger gefunden hat und weiß, wen man wann fragen muss. Er sollte in dieser Phase aufmerksam sein, versuchen mit den Kollegen in der Mittagspause oder bei anderen Gelegenheiten ins Gespräch zu kommen, Fragen zu stellen und Beziehungen aufzubauen. Jeder neue Mitarbeiter, egal ob Deutscher oder Norweger, braucht hier eine gewisse Zeit, um sich zu orientieren und die Strukturen und Prozesse zu durchschauen.

Einen großen Fehler, den Deutsche in diesem Zusammenhang begehen, ist die zu starke Orientierung an Positionsbezeichnungen, die nicht immer aussagekräftig sein müssen, da die delegierte Entscheidungsbefugnis darüber hinausgehen kann oder einflussreiche Personen überhaupt nicht im Organigramm sichtbar sind. Norweger empfinden es dann beispielsweise als äußerst arrogant und peinlich, wenn der deutsche Gesprächspartner im Telefonat mit einem norwegischen Mitarbeiter darauf besteht, mit dem Geschäftsführer oder der Führungskraft persönlich verbunden zu werden.

◼ Beispiel 5: Entscheidungswege

◼ Situation

Herr Engelhardt lebt seit sechs Jahren in Norwegen und ist in einer leitenden Position in einem Industrieunternehmen in Oslo tätig. Er erlebt immer wieder, dass auf Meetings schwierige oder konfliktreiche Entscheidungen aufs nächste Treffen vertagt werden und nicht klar festgelegt wird, wer für die jeweiligen Aufgaben und die nächsten Prozessschritte verantwortlich ist. Kurze Zeit später gibt es dann jedoch plötzlich eine Entscheidung, von der er nicht weiß, wie sie zustande gekommen ist und zu der er seine Meinung nicht positionieren und somit keinerlei Einfluss auf deren Ausgang und den weiteren Verlauf nehmen konnte. Herr Engelhardt ist darüber äußerst frustriert. Außerdem findet er es gefährlich, dass die Entscheidungen oft nicht in den offiziellen Gremien getroffen werden, denn nach seinem Empfinden eröffnet das Möglichkeiten für persönliche Seilschaften und informelle Strukturen, die mit den offiziellen Hierarchiestrukturen des Unternehmens nicht übereinstimmen.

Warum wird dies so gehandhabt?

– Lesen Sie nun die Antwortalternativen nacheinander durch.
– Bestimmen Sie den Erklärungswert jeder Antwortalternative

für die gegebene Situation und kreuzen Sie ihn auf der darunter befindlichen Skala an. Es ist möglich, dass mehrere Antwortalternativen den gleichen Erklärungswert besitzen.

■ Deutungen

a) Aufgrund der in Norwegen stark ausgeprägten Konfliktscheue werden Themen, zu denen in der Teambesprechung keine Übereinstimmung erzielt werden kann, in kleinerem informellen Rahmen weiter diskutiert und am Ende gegebenenfalls auch entscheiden, da dies als weniger konflikthaft wahrgenommen wird.

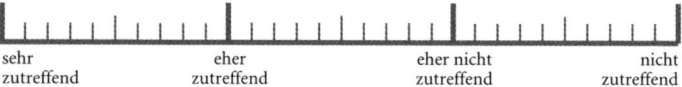

| sehr | eher | eher nicht | nicht |
| zutreffend | zutreffend | zutreffend | zutreffend |

b) Herr Engelhardt hat noch nicht verstanden, dass Norweger in allem langsamer sind als Deutsche. Das betrifft auch das Treffen von Entscheidungen. Alles will gut überlegt und erwogen sein.

| sehr | eher | eher nicht | nicht |
| zutreffend | zutreffend | zutreffend | zutreffend |

c) Norweger lieben es nicht, wenn Ausländer, besonders Deutsche, sich an Entscheidungsfindungen in ihrem Unternehmen beteiligen. Der Entscheidungsprozess wird so lange hinausgezögert, bis der beteiligte Ausländer die Übersicht verliert bzw. keinen Anspruch mehr geltend machen kann.

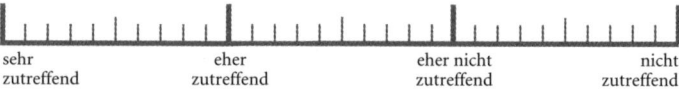

| sehr | eher | eher nicht | nicht |
| zutreffend | zutreffend | zutreffend | zutreffend |

d) Norweger haben von Natur aus Hemmungen, endgültige Entscheidungen zu treffen. Sie leben in und mit einer Natur, die unberechenbar ist, und so haben sie über Generationen gelernt, dass zu früh getroffene Entscheidungen oft von sich plötzlich und unvorhergesehen einstellenden Situationsveränderungen zu Fehlverhalten führen. Dies wollen sie vermeiden.

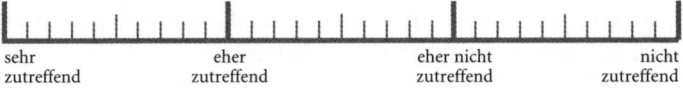

| sehr zutreffend | eher zutreffend | eher nicht zutreffend | nicht zutreffend |

- Versuchen Sie, Ihre Einstufung jeder Antwortalternative zu begründen. Halten Sie die Begründung in schriftlicher Form stichpunktartig fest.
- Lesen Sie nun die Erläuterungen zu jeder Antwortalternative durch und vergleichen diese mit Ihren eigenen Begründungen.

■ Bedeutungen

Erläuterung zu a):

In Norwegen werden zu treffende Entscheidungen zunächst in der Gruppe gleichberechtigt diskutiert, denn die Mitsprache des Einzelnen hat eine sehr hohe Bedeutung (siehe auch Themenbereich 5 »Konsensorientierung«). Ergibt sich jedoch zu starke Uneinigkeit, wird eine offene Auseinandersetzung vermieden. Man wechselt den Kontext und setzt die Diskussion in kleinerer Runde fort. Die Entscheidung wird dann letztendlich von den in diesem Falle verantwortlichen Personen getroffen, die also befugt sind, aus den sich im Entscheidungsfindungsprozess ergebenden Diskussionsergebnissen erforderliche Schlussfolgerungen zu ziehen und dann eine für alle verbindliche Entscheidung zu treffen.

Erläuterung zu b):

Norwegen ist zwar im europäischen Vergleich spät industrialisiert worden und die langsamere Lebensgeschwindigkeit der ehemaligen Bauern- und Fischergesellschaft ist noch immer zu spüren. Allerdings ist das Land nun doch schon eine ganze Weile Industrienation und steht mit anderen im internationalen Wettbewerb. Im Unternehmen zu treffende Entscheidungen richten sich auch in Norwegen eher an den sachlichen Gegebenheiten und Zwängen aus. Im Themenbereich 5 »Konsensorientierung« wird zwar begründet, warum in Norwegen Entscheidungsprozesse tatsächlich oft länger dauern als in Deutschland, jedoch ist

Herr Engelhardt nicht frustriert, weil die Entscheidungsfindung zu lange dauert. Er durchschaut die Gründe für die Entscheidungsaufschübe und die dann erfolgende recht plötzliche Entscheidungsfällung nicht. Eine andere Deutung ist hier zielführender.

Erläuterung zu c):
Immerhin ist Herr Engelhardt schon seit sechs Jahren in leitender Position in dem norwegischen Unternehmen tätig. So wird er zu allen ein Vertrauensverhältnis aufgebaut haben, dass es ihm grundsätzlich erlaubt, auch an den Entscheidungen beteiligt zu sein. Trotzdem stimmt es, dass er immer »der Ausländer« sein wird und nicht »einer von uns«. In dieser Position wird er immer ein wenig vorsichtig sein müssen, wenn es um Entscheidungen geht, damit es nicht heißt: Ein Ausländer erzählt uns, was wir zu tun haben. Aufgrund der Geschichte der beiden Länder ist er zudem als Deutscher besonders leicht angreifbar. In der vorliegenden Situation durchschaut er jedoch den Ablaufprozess bis hin zur Entscheidungsfindung selbst nicht. Diese Deutung trifft also noch nicht den Kern der Sache.

Erläuterung zu d):
Es stimmt tatsächlich, dass Norweger gern spät endgültige Entscheidungen treffen, da zu früh gefasste Beschlüsse sonst möglicherweise durch unkontrollierbare Faktoren irrelevant werden (siehe hierzu Themenbereich 7 »Geringe Bedeutung von Struktur und Planung«). Daraus lässt sich jedoch die Irritation von Herrn Engelhardt nicht recht erklären, denn in den Meetings, an denen er beteiligt ist, wird die Entscheidung zwar vorbereitet, dann aber nicht endgültig getroffen und schließlich ist plötzlich alles entschieden, so dass er das Gefühl hat, informell und intransparent lief ein Entscheidungsprozess ab, auf den er keinen Zugriff hat. Das Ganze scheint somit weniger mit Risikoscheue in Zusammenhang mit Entscheidungen zu tun zu haben als mit Entscheidungskompetenzen auf norwegischer Seite. Zudem ist es unwahrscheinlich, dass Erfahrungen mit Naturgegebenheiten auf den spezifischen Sektor betrieblicher Entscheidungen einen so großen Einfluss ausüben.

■ Lösungsstrategie

Herr Engelhardt ist es auch aus Deutschland gewohnt, dass schwierige und konfliktreiche Entscheidungen in Meetings diskutiert werden, und er hat auch erfahren, dass am Ende durchaus länger wahrender Diskussionsrunden noch keine endgültige Entscheidung getroffen werden kann, also die Entscheidung vertagt werden muss. Wenn dies der Fall ist, erwartet er, dass die noch zu klärenden Aspekte, eventuell einzuholende Informationen oder noch in den Entscheidungsprozess mit einzubeziehende Personen klar benannt werden, die sich daraus ergebenden Aufgaben an einzelne Teammitglieder verteilt werden, um beim nächsten Treffen eine lösungsorientierte Entscheidung treffen zu können. Genau dies aber vermisst er in Norwegen. Die Meetings werden beendet, ohne dass eine solche Aufgabenverteilung erfolgt und ohne klare Regelung der nächsten Prozessschritte. Damit bleibt für ihn nach einem durchaus zielführenden Meeting alles offen und intransparent. Diese Unklarheit verstärkt sich noch durch folgende Beobachtung: Plötzlich und ohne dass irgendwelche nachvollziehbaren Schritte stattgefunden haben, wird eine Entscheidung getroffen, die offensichtlich von allen norwegischen Teammitgliedern akzeptiert wird, deren Zustandekommen er aber nicht nachvollziehen kann und damit auch keine Möglichkeit hat, seine eigene Meinung einzubringen. Dies ist für Herrn Engelhardt nicht nur frustrierend, sondern er findet auch, dass ein solcher Entscheidungsfindungsprozess, der nicht in den offiziell dazu vorgesehenen Gremien getroffen wird, sondern sich irgendwie »hintenherum« ergibt bzw. von nicht genannten Personen oder Subgruppen getroffen wird, vielfältige Möglichkeiten für nicht sachgerechte und konsensfähige Entscheidungen eröffnet. Er versteht nicht, wieso zunächst ein Entscheidungsfindungsprozess klar, kompetent und transparent vorbereitet wird und die eigentliche Entscheidung im Nachhinein intransparent bleibt. Da Herr Engelhardt seit sechs Jahren in Norwegen tätig ist und dies immer wieder beobachtet, besonders bei schwierigen und konfliktreichen Entscheidungen, und er offensichtlich auch immer wieder beobachtet hat, dass seine norwegischen Kollegen das Vorgehen akzeptieren und nicht dagegen protestieren, könn-

te er durchaus vermuten, dass es sich hier um eine kulturspezifische Besonderheit handelt.

Entsprechend dem norwegischen Egalitäts- und Konsensprinzip (siehe Themenbereich 1 »Soziale Gleichheit« und Themenbereich 5 »Konsensorientierung«) müssen Entscheidungen
gemeinsam diskutiert und einem auf Gruppenebene durchzu-
führenden Analyseprozess unterzogen werden. Nach norwegischem Verständnis ist dieses Vorgehen wichtig, um eine sachgerechte Entscheidung überhaupt treffen zu können. Aber es gibt
bei aller offiziell programmierten Gleichheit wohl doch Personen, die »das letzte Wort haben« und die insbesondere bei
schwierigen Entscheidungen mit großer Uneinigkeit schlussendlich eine Entscheidung treffen müssen.

Nachvollziehbar ist dieses Vorgehen, wenn man bedenkt, dass
solche schwierigen Entscheidungen eben auf verschiedenen Ebenen getroffen werden, nämlich: Gemeinschaftlich wird die Entscheidung in durchaus auch kontrovers geführten Diskussionen
vorbereitet, aber die Entscheidung selbst treffen dann einzelne
Personen oder hochrangig angesiedelte Zirkel von Führungskräften, die dann auch die entsprechende Verantwortung übernehmen.

Herr Engelhardt wird sich auf diese norwegische Besonderheit
einstellen müssen, ohne davon irritiert zu sein, dass nach offizieller Darstellung alle gleichrangig am Entscheidungsprozess beteiligt sind, auf der anderen Seite aber die Entscheidung selbst, und
dies gilt insbesondere für Themen, zu denen widersprüchliche
Meinungen existieren, nicht immer als Resultat eines Diskus-
sionsprozesses im Meeting erfolgt, sondern von einzelnen hoch-
rangigen Personen getroffen wird.

■ Hintergrundinformationen zu »Verdeckte Hierarchien«

Kulturvergleichende Studien zeigen, dass Organisationen überall
auf der Welt Hierarchien ausbilden, seien sie steil oder flach, for-
mell oder informell (vgl. Trompenaars, 1993). Deshalb kann man

sich die Frage stellen, wie das Dilemma zwischen der Tendenz zur Hierarchiebildung und dem im vorangegangenen Kapitel (Themenbereich 1 »Soziale Gleichheit«) dargestellten norwegischen Gleichheitsideal gelöst wird. In Norwegen besteht nicht notwendigerweise eine Übereinstimmung zwischen den formalen, im Vergleich zu Deutschland sehr flachen Hierarchien und den realen Verantwortungszuweisung, die auf informellem Wege über verschiedene Ebenen hinweg direkt delegiert werden. Darüber hinaus besitzt neben der fachlichen auch die soziale Kompetenz einer Person sowie deren Zugehörigkeit zu einer Gruppe eine hohe Bedeutung. Alles dies fördert die Bildung informeller oder »verdeckter Hierarchien«.

■ Verdeckte Hierarchien

Das starke egalitäre Ideal der norwegischen Gesellschaft fordert eine nicht-hierarchische Form der Unternehmensorganisation. So ergibt sich geringe Akzeptanz für sichtbare Rangunterschiede innerhalb der Gesellschaft. Das »Janteloven« (siehe Exkurs) schreibt dem Einzelnen vor, sich nicht hervorzuheben. Führung wird nach dem »Primus-inter-pares«-Prinzip (»Erster unter Gleichen«) ausgeübt. Formale Positionen oder Titel haben deshalb in Norwegen weniger Bedeutung als in Deutschland. Im Gegensatz zur »formal erkennbaren Struktur« in Deutschland arbeitet man mit einer »eher sachbezogen funktionierenden innerbetrieblichen Struktur« (Opitz, 1997, S. 18), die kaum durch äußere Erkennungszeichen wie zum Beispiel Kleidung oder Bürogröße sichtbar gemacht wird (siehe Themenbereich 1 »Soziale Gleichheit«). Das Organigramm, in dem die organisatorischen Einheiten eines Unternehmens sowie deren Aufgabenverteilung, Kompetenzen und Kommunikationsbeziehungen abgebildet sind, ist zum größten Teil nur eine Formalität ohne große Bedeutung. Stattdessen werden Entscheidungsbefugnisse häufig flexibel und direkt delegiert, zum Beispiel an eine Niederlassung oder innerhalb der Administration, ohne dass dies im Organigramm sichtbar wird. Das heißt jedoch nicht, dass die Vorgänge ungeregelt dem »Zufall« überlassen sind, nur die Regelmechanismen sind nicht unmittelbar sichtbar.

Um dem Ideal der Gleichheit und der flachen Hierarchien zu entsprechen, bedient man sich in Norwegen anderer Prinzipien zur Entscheidungsfindung als in Deutschland. Norwegen ist eine kleine Nation, so dass die Führungskräfte innerhalb der Betriebe sowie unternehmensübergreifend einen sehr persönlichen Umgang pflegen können. »Man kennt sich« und die hohe Qualität der sozialen Beziehungen und die Übersichtlichkeit schaffen Vertrauen. Über dieses persönliche Kennen kann auf kurzen Wegen vieles geregelt werden und es besteht nicht die Notwendigkeit, mit Formalitäten zu operieren, Verantwortlichkeiten schriftlich abzusichern und innerhalb der Hierarchie oder nach außen sichtbar seinen hierarchischen Rang zu kennzeichnen. Die Führungsebene ist plurifunktional, denn in einer so kleinen Gesellschaft muss man flexibel sein und unterschiedliche Führungsaufgaben ausführen können (Generalistentum). Vieles wird in Form von Projektarbeit geleistet und die Vorgehensweise ist oft sehr pragmatisch. Wer mit der jeweiligen Angelegenheit vertraut ist, wird unabhängig von seiner Position in der Hierarchie mit einbezogen. Das schafft einen hohen Grad an Flexibilität und Spontanität in den Abläufen. Durch gute und flexible Zusammenarbeit – so die Überzeugung – kommt man gemeinsam zu effektiven Ergebnissen.

Deutsche vermissen hier die »klaren Ansagen«: Wer tut was, wann und mit wem. In Deutschland operiert man mit formal geregelten und sichtbaren Hierarchien und explizit geplanten Abläufen. Wenn Deutsche sich an Organigrammen norwegischer Unternehmen orientieren, erscheint ihnen vieles als chaotisch, denn wenig stimmt mit der erfahrenen Realität überein. Sie können sich die Abläufe nicht mit Hilfe des Organisationscharts erklären. Die Mechanismen abseits der formalen Ebene sind für sie zunächst unsichtbar. Für einen Außenstehenden kann dies frustrierend sein, weil er viel Zeit investieren muss, um sich einzuarbeiten, die Zusammenhänge zu erkennen und die tatsächlichen Entscheidungsträger zu finden, die nicht den offiziellen Positionen entsprechen müssen. Dass es sich oft um keine dauerhafte Delegation bzw. Entscheidungsposition handelt, sondern die Verantwortlichkeiten für den Einzelfall neu entschieden werden und auch kurzfristig widerrufen werden können, macht es noch schwerer für Außenstehende, damit umzugehen. Auch Norweger erleben diese Orientierungsphase in einem neuen Betrieb als herausfordernd und zeitaufwändig und umso schwieriger ist dies für Kulturfremde.

■ Informelle Hierarchien

Zusätzlich zu den vorhandenen formalen und delegierten Verantwortlichkeiten spielen die soziale Kompetenz, das Ansehen einer Person sowie die persönlichen Netzwerke teilweise die wichtigste Rolle für die reale Machtverteilung innerhalb einer Gruppe. Der Einfluss ist stärker, je intensiver der persönliche Kontakt zwischen den Gruppenmitgliedern ist. Denn Voraussetzung für erfolgreiches Arbeiten ist neben den fachlichen Fähigkeiten des Mitarbeiters seine Kompetenz, einen eigenen Beitrag zur harmonischen Zusammenarbeit in der Gruppe zu leisten. Durch die Hierarchieabneigung wird das Rollenmuster der Norweger nicht dadurch bestimmt, dass man seinen Platz in der Hierarchie kennt und sich gemäß dieser Rolle verhält, sondern es gilt, sich als gesamte Person im kommunikativen Prozess der Zusammenarbeit einzubringen. Aufgrund der geringen Bedeutung der formalen Hierarchie erhält man durch das Innehaben einer Position nicht automatisch auch Autorität, Einfluss und Macht. Eine Position im Kollektiv muss man sich durch Einsatz fachlicher und sozialer Fähigkeiten und Leistungen erst erarbeiten.

Es wird derjenige eine informelle Rolle und damit Einfluss erhalten, der dafür geeignet ist, die Ziele der Gruppe zu vertreten und zu realisieren. Darüber hinaus verbietet das norwegische Gleichheitsideal, dass Einzelne sich durch ihre Fähigkeiten und ihre Position herausheben. Dies macht die Auswahl von Mitarbeitern nach meritokratischen Gesichtspunkten schwierig und fördert die Bedeutung persönlicher Kontakte und damit die Bildung informeller Machtstrukturen. Deutsche, für die Sachorientierung als Leistungskriterium im Vordergrund steht, interpretieren dies oft als »Gemauschel«. Die informellen Strukturen sind unangreifbar, da man sie durch sachliche Argumente nicht aufheben kann. Darüber hinaus können sie stärkeren Einfluss verleihen als formale Positionen, da man mit ihnen nicht gegen das Gleichheitsideal verstößt. Laut vieler Expertenaussagen in der vorliegenden Untersuchung ist die norwegische Gesellschaft in der Wahrnehmung der Deutschen somit formal weniger, informell jedoch stärker hierarchisch als die deutsche. Das bedeutet auch, dass trotz der formal flachen Hierarchie einige »gleicher sind als andere«. Hier ergeben sich für Deutsche oft erhebliche Probleme, da sie die hinter der scheinbar kommunikativen Gleichbehandlung und den informellen Umgangsweisen trotz allem vorhandenen Statusunterschiede und Hierarchien, deren »Codes« recht subtil sein können, nicht wahrnehmen oder nicht dechiffrieren können. So entstehen Irritationen, falsche Prognosen und unzutreffende Schlussfolgerungen bezüglich des Verhaltens ihrer norwegischen Partner.

■ Kulturelle Verankerung von »Verdeckte Hierarchien«

Die Norweger lebten lange Zeit primär in selbstständigen kleinen Familienbetrieben in der Landwirtschaft oder Fischerei. Die geringe Bevölkerungszahl und die verstreute Besiedelung in der dezentralisierten, übersichtlichen Bauerngesellschaft führten dazu, dass man in der Regel Umgang mit vertrauten Personen in wenig komplexen Zusammenhängen hatte. Dies machte explizite Hierarchien und eine formalisierte Verteilung von Aufgaben und Verantwortungen weniger nötig, als dies in komplexeren, weniger homogenen Gesellschaften der Fall ist. Man wusste, wer die Autorität wofür hatte, und die nicht formalisierte Verteilung von Entscheidungsbefugnis funktionierte unproblematisch in den kleinen und übersichtlichen Organisationseinheiten. Auch wenn die norwegische Gesellschaft im Laufe der Zeit komplexer geworden ist, haben sich diese Strukturen in hohem Maße erhalten.

Der historische Hintergrund für den starken egalitären Gedanken in der norwegischen Gesellschaft wurde schon ausführlich im vorangegangenen Kapitel (Themenbereich 1 »Soziale Gleichheit«) erläutert. Es gab in Norwegen nie eine wirkliche Akzeptanz für sichtbare, explizite Rangunterschiede. Während Autorität in Deutschland keiner Rechtfertigung bedurfte, war Gleichheit in Norwegen tief ethisch verankert. Dies wurde in den 1970er Jahren durch die Abschaffung der Sie-Form und der Titel verstärkt. Die mangelnde Toleranz für sichtbare Hierarchieunterschiede führte dazu, dass informelle Positionen akzeptierter und gleichzeitig auch effektiver und wirksamer sein konnten, da man aufgrund der nicht sichtbaren Machtposition einen höheren Grad an Akzeptanz erreichen konnte. Inhaber formaler Entscheidungsbefugnis hatten folglich nur in geringem Maße das Bedürfnis, ihre Position zu erwähnen, da dies den Abstand zwischen ihnen selbst und anderen vergrößerte.

Das norwegische Volksmärchen vom »7. Vater im Hause« (»7ende far i huset«), das Peter Christen Asbjørnsen und Jörgen Moe im 19. Jahrhundert in einer Märchensammlung veröffentlichten, illustriert dies sehr anschaulich. Es handelt von einem Hausherren, der die formale Entscheidungsposition auf einem Bauernhof innehat. Er wird von einem Gast um die Erlaubnis gebeten, auf dem Hof übernachten zu dürfen. Der Hausherr entgegnet der Bitte mit den Worten, dies sei schon möglich, er müsse nur noch mit seinem Vater sprechen. Statt den Entschluss selber zu fassen, leitet er die Entscheidung weiter an einen informellen und gleichzeitig älteren Entscheidungsträger. Sie gehen zum Vater des Hausherren und das Gleiche wiederholt sich. Nachdem der Gast siebenmal an die nächste Generation weitergeleitet worden war, kommt er schließlich zum siebten Vater im Hause, einem mehrere hundert Jahre alten, kleinen Männchen, das ihm schlussendlich seine Bitte bejaht.

Die lange Regierungsperiode der Arbeiterpartei (1945–1965) und die daraus resultierende Penetration des Staatsapparates durch Parteimitglieder verstärkte die Ausprägung informeller Hierarchien. Der norwegische Ausdruck »man hat miteinander gesprochen« (»noen har snakket sammen«) ist seither ein fester Begriff, um zu illustrieren, dass Personen mit großem persönlichem Einfluss hinter verschlossenen Türen eine Entscheidung ohne Einbeziehung des formalen Systems getroffen haben.

◼ Themenbereich 3: Gruppenorientierung

◼ Beispiel 6: Neu in Norwegen

◼ Situation

Frau Tietz ist vor kurzem nach Norwegen gezogen und arbeitet in Ålesund. Da sie bisher niemanden kennt und gern Kontakte knüpfen möchte (sie spricht schon sehr gut norwegisch), ist sie sehr froh, als sie auf eine dreitägige Fortbildung geschickt wird. Sie hält dies für eine gute Gelegenheit, mit Fachkollegen in näheren Kontakt zu kommen. Am Abend des ersten Kurstages ist sie jedoch äußerst frustriert: Sie hat mit keinem der Teilnehmer ein privates Wort gewechselt. Fast alle scheinen sich untereinander zu kennen oder zumindest gemeinsame Bekannte zu haben, über die man ins Gespräch kommen konnte. Niemand ist jedoch auf Frau Tietz zugegangen und hat versucht, sie zu integrieren oder Interesse daran gezeigt, sie kennen zu lernen. Auf ihre Versuche hin, ein Gespräch einzuleiten, reagierten die meisten wortkarg, so dass sie schnell verunsichert ihre Bemühungen aufgab. So schwierig hatte sie es in Deutschland noch nie erlebt, mit Fremden in Kontakt zu kommen. Bis zum dritten Tag ändert sich nichts. Dann jedoch wird die Gruppe in kleine Untergruppen aufgeteilt, die gemeinsam einen Vormittag lang etwas erarbeiten sollen. Über die gemeinsame Aufgabe kommt man ins Gespräch und Frau Tietz ist überrascht, wie viel offener und freundlicher die Teilnehmer ihr gegenüber plötzlich sind. Auch nach Beendigung der Gruppenarbeit bleiben sie aufgeschlossen. Sie kann sich nicht erklären, wieso dieselben Menschen sich erst so abweisend und wenig entgegenkommend verhalten und dann mit einem Mal so viel herzlicher sind.

Wie kommt es zu dieser plötzlichen Verhaltensänderung?

– Lesen Sie nun die Antwortalternativen nacheinander durch.
– Bestimmen Sie den Erklärungswert jeder Antwortalternative für die gegebene Situation und kreuzen Sie ihn auf der darunter befindlichen Skala an. Es ist möglich, dass mehrere Antwortalternativen den gleichen Erklärungswert besitzen.

■ Deutungen

a) Frau Tietz hat zu viel erwartet. Sie ist neu in Norwegen und die anderen kennen sich schon seit Jahren sehr gut. Was sollten die mit der neuen Ausländerin anfangen?

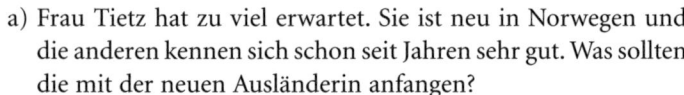

| sehr | eher | eher nicht | nicht |
| zutreffend | zutreffend | zutreffend | zutreffend |

b) Fortbildungen sind relativ seltene Ereignisse und die teilnehmenden Norweger haben sich nach so langer Zeit viel zu erzählen. So ist es verständlich, dass sie sich nicht als Erstes um Frau Tietz kümmern wollen.

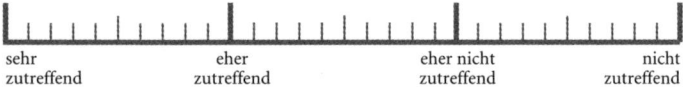

| sehr | eher | eher nicht | nicht |
| zutreffend | zutreffend | zutreffend | zutreffend |

c) Norweger sind eher verschlossen und zurückhaltend besonders Fremden gegenüber. Sie brauchen eine lange Anlaufzeit bis sie bereit sind, mit einem Neuling Kontakt aufzunehmen.

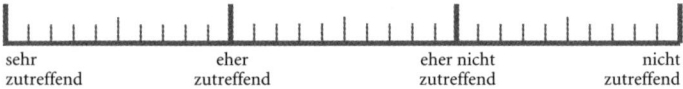

| sehr | eher | eher nicht | nicht |
| zutreffend | zutreffend | zutreffend | zutreffend |

d) Generell erfordert der Aufbau von Beziehungen in Norwegen viel Ausdauer. Norweger begegnen Fremden zunächst mit Zurückhaltung und einer gewissen Unsicherheit im Umgang. Sobald jedoch ein definierter Bezug beispielsweise im Rahmen einer täglichen Zusammenarbeit hergestellt ist oder man Teil einer Gruppe geworden ist, wird einem Offenheit und Herzlichkeit entgegengebracht.

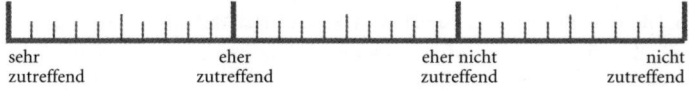

| sehr
zutreffend | eher
zutreffend | eher nicht
zutreffend | nicht
zutreffend |

- Versuchen Sie, Ihre Einstufung jeder Antwortalternative zu begründen. Halten Sie die Begründung in schriftlicher Form stichpunktartig fest.
- Lesen Sie nun die Erläuterungen zu jeder Antwortalternative durch und vergleichen diese mit Ihren eigenen Begründungen.

■ Bedeutungen

Erläuterung zu a):
In jedem Unternehmen dauert es einige Zeit, bis man sich an einen Neuling gewöhnt hat. Je nach Unternehmenskultur werden neue Kollegen gezielt und schnell in die Gruppe einbezogen oder aber zunächst einmal »abgetastet«, mit Zurückhaltung und Vorsicht behandelt, schon allein deshalb, um nicht als aufdringlich und distanzlos zu erscheinen oder um den Neuling nicht zu überfordern. Im vorliegenden Fall vermisst Frau Tietz allerdings nur zu Anfang in der Gesamtgruppe eine ihr angemessen erscheinende Aufnahmen im Kreis der Kollegen. In der Kleingruppe wird sie sehr rasch und zu ihrer vollen Zufriedenheit aufgenommen. Eine andere Deutung wird deshalb wohl zutreffender sein.

Erläuterung zu b):
Wenn sich die norwegischen Fachkollegen auf der Fortbildung so gut kennen, ist anzunehmen, dass sie genügend Gelegenheit zum gegenseitigen Gedankenaustausch haben, weil sie sich auch sonst häufig treffen. Jedenfalls gibt diese Deutung keine überzeugende Erklärung dafür ab, warum Frau Tietz von der Gesamtgruppe nicht angesprochen wurde, wohl aber von den Teilnehmern der wesentlich kleineren Untergruppe.

Erläuterung zu c):
Eine generelle Verschlossenheit der Norweger gegenüber Fremden ist schon deshalb kein überzeugender Grund für das aus

Sicht von Frau Tietz so erstaunliche Verhalten der Gesamtgruppe, da auch die so aufnahmebereite Kleingruppe aus denselben Personen bestand. Denkbar wäre allenfalls, dass Norweger in größeren Gruppen zur Innengruppenzentrierung neigen, wohingegen sie in kleineren Gruppen eher für externe Kontakte aufgeschlossen sind. Denkbar wäre aber auch, dass die norwegischen Fortbildungsteilnehmer erst eine gewisse Anlaufzeit in der Gesamtgruppe benötigen, um dann in der Untergruppe Kontaktbereitschaft gegenüber Frau Tietz zu entwickeln. Es gibt aber vielleicht noch eine kulturell passendere Erklärung.

Erläuterung zu d):
Die norwegischen Fortbildungsteilnehmer sind schüchtern gegenüber der neuen, unbekannten Teilnehmerin. Sie empfinden die Kontaktaufnahme mit einer Fremden als belastend und so wagt es keiner, sie anzusprechen. Man unterhält sich lieber mit den vertrauten Kollegen. Norwegen ist keine »Smalltalk-Nation« und Fremden gegenüber sind sie in der Regel zunächst zurückhaltend. Es dauert nach Aussage vieler Deutscher eine lange Zeit, bis sie »auftauen« und sich einem Neuling annähern. Dass Frau Tietz in der vorliegenden Beispielsituation schon nach wenigen Tagen in die vertraute Runde der übrigen Teilnehmer einbezogen wird, verdankt sie insbesondere der Gruppenarbeit. Durch die Aufteilung in Kleingruppen ergibt sich ein natürliches Gesprächsthema in Form des Arbeitsauftrags, es entsteht eine gemeinsame Zugehörigkeit zu der nun entstandenen Gruppe und so ist die Hürde des ersten Kontaktaufbaus schnell genommen. Von diesem Moment an überraschen die zunächst so verschlossen und auf viele Fremde unfreundlich wirkenden Norweger mit Herzlichkeit. Ein norwegischer Trinkspruch lautet:»Vi skåler for våre venner, og de som vi kjenner, og de som vi ikke kjenner, de driter vi i«, was übersetzt soviel heißt wie: Wir prosten unseren Freunden zu und all denen, die wir kennen, und die, die wir nicht kennen, die sind uns egal. Viele Urlauber schildern auf der anderen Seite sehr positive Begegnungen mit sehr freundlichen und hilfsbereiten Norwegern. So kann es beispielsweise durchaus passieren, dass ein Busfahrer zwei jungen Rucksacktouristinnen, die ihren Anschlussbus verpasst haben, nach einem netten Gespräch anbietet, sie in den fünf Kilome-

ter entfernten nächsten Ort zu fahren, da für ihn sowieso gerade der Feierabend beginnt. Offensichtlich verliert sich bei den Norwegern die Kontaktscheue, wenn sie irgendwie konkret gefordert sind: Hilfe nach verpasstem Bus und Arbeitsauftrag in Gruppe erledigen. Dann ist die Situation klar und gut überschaubar.

■ Lösungsstrategie

Als Ausländer in einem fremden Land Fuß zu fassen und akzeptiert zu werden oder gar Freundschaften aufzubauen, ist vermutlich nirgendwo eine leichte Aufgabe. In Norwegen ist es nach Aussage vieler Deutscher noch ein wenig schwieriger. Wenn es um das Knüpfen von Kontakten geht, ist es hier außerordentlich ratsam, sich in Geduld zu üben.

Wichtig ist es zu verstehen, dass die anfängliche Zurückhaltung in der Regel nicht auf Desinteresse oder einer persönlichen Abneigung beruht, sondern eher auf Schüchternheit. Deshalb sei dem Neuling ans Herz gelegt, sich davon nicht abschrecken zu lassen und weiterhin freundlich, entgegenkommend und initiativ zu sein, ohne sich dabei aufzudrängen. Die Geduld wird sich irgendwann auszahlen.

Die Eingliederung in eine Gruppe mit gemeinsamem Bezugsrahmen ist der beste Weg, um in Norwegen Beziehungen in unterschiedlichen Lebensbereichen aufzubauen. Im Arbeitskontext wird dies beispielsweise durch Teambesprechungen und Teamarbeit erleichtert. Auch die gemeinsame Mittagspause sollte man nicht versäumen, sondern als Gelegenheit nutzen, mit den Kollegen über nicht arbeitsbezogene Themen zu sprechen. In der Freizeit ist der Beitritt in einen Verein eine gute Möglichkeit, um Kontakte zu knüpfen. Norweger haben ein aktives Freizeit- und Vereinsleben und über das gemeinsame Interesse wird man schnell Teil der Gruppe. Man sollte allerdings auch hier nicht selbstverständlich erwarten, sofort enge Freunde zu finden. Davon haben Norweger generell wenige, aber sobald man einen gefunden hat, hat man ihn sein Leben lang. Bis dahin kann es allerdings auch mal einige Jahre dauern. Der herzliche Kontakt beispielsweise zu seinen Vereinsfreunden beim wöchentlichen Treffen bedeutet allerdings nicht zwingend, dass die Norweger auch bereit sind, diesen Kontakt auf andere Lebensbereiche auszudehnen und reagieren bei einer Begegnung in einem privaten Kontext möglicherweise verschlossener, als der Deutsche es erwartet.

■ Beispiel 7: Verträge fehlen

■ Situation

Herr Konrad lebt seit zwei Jahren in Oslo und ist zur Zeit an der Organisation eines Ausstellungsprojektes beteiligt, das unter anderem von einer Gruppe Norwegern und einer Gruppe Deutscher gemeinsam organisiert wird. Gleich zu Beginn müssen Sponsorengelder gesammelt und Ausstellungsstätten in beiden Ländern gefunden werden. Die norwegischen Kollegen haben schnell Erfolg im eigenen Land, jedoch basieren ihre Abschlüsse auf informellen Absprachen und gegenseitigem Vertrauen, meist kennt man sich. Sie können ihren deutschen Kollegen nicht ein einziges Stück Papier vorlegen. Herrn Konrad und seinen deutschen Mitarbeitern ist das unbegreiflich: Natürlich findet Herr Konrad es toll, dass seine norwegischen Kollegen mit Hilfe ihres Beziehungsnetzwerkes so gute Sponsoren und Räumlichkeiten akquiriert haben, aber trotzdem muss man seiner Meinung nach doch schriftliche Verträge abschließen, um sich abzusichern und im Notfall »etwas in der Hand« zu haben.

– Lesen Sie nun die Antwortalternativen nacheinander durch.
– Bestimmen Sie den Erklärungswert jeder Antwortalternative für die gegebene Situation und kreuzen Sie ihn auf der darunter befindlichen Skala an. Es ist möglich, dass mehrere Antwortalternativen den gleichen Erklärungswert besitzen.

■ Deutungen

a) Die norwegischen Kollegen von Herrn Konrad nehmen das Ausstellungsprojekt nicht so recht ernst. Für sie ist das eher ein

Spiel, das man eben so schnell beenden kann, wie man es begonnen hat.

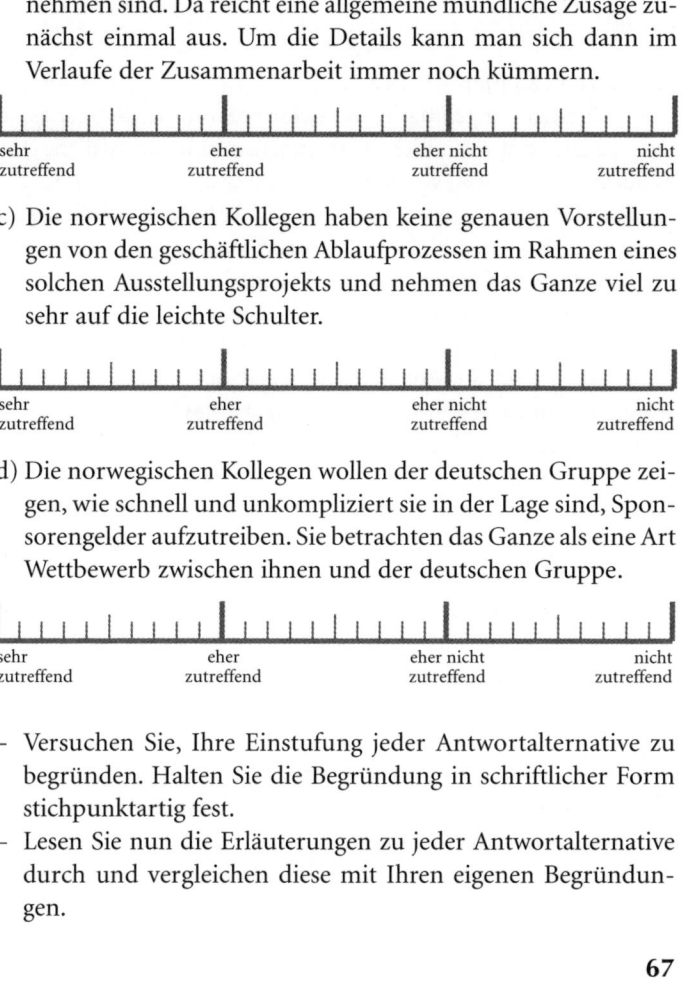

| sehr zutreffend | eher zutreffend | eher nicht zutreffend | nicht zutreffend |

b) Die norwegischen Projektteilnehmer haben für das anstehende Projekt ihre bestehenden Geschäftsverbindungen und Netzwerke aktiviert. Oft kennt man das Gegenüber, vertraut ihm und kann einschätzen, ob seine Zusagen generell ernst zu nehmen sind. Da reicht eine allgemeine mündliche Zusage zunächst einmal aus. Um die Details kann man sich dann im Verlaufe der Zusammenarbeit immer noch kümmern.

| sehr zutreffend | eher zutreffend | eher nicht zutreffend | nicht zutreffend |

c) Die norwegischen Kollegen haben keine genauen Vorstellungen von den geschäftlichen Ablaufprozessen im Rahmen eines solchen Ausstellungsprojekts und nehmen das Ganze viel zu sehr auf die leichte Schulter.

| sehr zutreffend | eher zutreffend | eher nicht zutreffend | nicht zutreffend |

d) Die norwegischen Kollegen wollen der deutschen Gruppe zeigen, wie schnell und unkompliziert sie in der Lage sind, Sponsorengelder aufzutreiben. Sie betrachten das Ganze als eine Art Wettbewerb zwischen ihnen und der deutschen Gruppe.

| sehr zutreffend | eher zutreffend | eher nicht zutreffend | nicht zutreffend |

– Versuchen Sie, Ihre Einstufung jeder Antwortalternative zu begründen. Halten Sie die Begründung in schriftlicher Form stichpunktartig fest.
– Lesen Sie nun die Erläuterungen zu jeder Antwortalternative durch und vergleichen diese mit Ihren eigenen Begründungen.

■ Bedeutungen

Erläuterung zu a):
Die Situationsschilderung gibt uns keinerlei Hinweise darauf, dass die Kollegen auf norwegischer Seite mit zu wenig Ernst an die Sache herangegangen sind. Sie scheinen die zu Anfang anstehenden Akquiseaufgaben ja sogar sehr schnell erledigt zu haben, was auf ein hohes Engagement von ihrer Seite schließen lassen könnte. Allerdings versäumten sie es, schriftliche Verträge mit ihren Partnern abzuschließen, aber dafür gibt es einen anderen Grund.

Erläuterung zu b):
Geschäftsbeziehungen basieren in Norwegen weit häufiger als in Deutschland auf mündlichen Absprachen ohne schriftliche Absicherung, denn das Vertrauen der Akteure zueinander ist die zentrale Basis einer jeden Kooperation. Vertrauen gründet sich hier auf die Beziehungen zwischen den Gruppenmitgliedern, also auf soziale Netzwerke. Norwegen ist eine kleine Nation und die Zahl verantwortlicher Positionen innerhalb eines Fachgebietes ist überschaubar. Es zählt das Vertrauen in die Verlässlichkeit des Partners, sich an die Absprachen zu halten und das ist ebenso sicher wie ein unterschriebener Vertrag. Dieses Vorgehen hat den großen Vorteil, dass im richtigen Augenblick formelle bürokratische Prozesse vermieden und schnell Entscheidungen getroffen oder Zusagen gemacht werden können. Korrumpiert der Partner das Vertrauensverhältnis, wird er gemieden, und da das Land klein ist, zieht ein schlechter Ruf schnell weite Kreise. Hier fungiert die soziale Kontrolle in weit höherem Maße als in Deutschland als Kontrollmechanismus und kann eine ebenso wirkungsvolle Bedrohung sein wie schriftliche Verträge. Um ein weiteres Beispiel zu nennen, ist es bei Einstellungsprozessen durchaus üblich, einen Arbeitsvertrag nur mündlich auszuhandeln und die Unterzeichnung erst bei Antritt der Stelle durchzuführen. Für viele deutsche Arbeitnehmer ist es eine nervenaufreibende Situation, das schriftliche Dokument erst nach der Kündigung der alten Stelle, dem Umzug und allen damit verbundenen Aufgaben zu erhalten.

Erläuterung zu c):

Für Deutsche entsteht tatsächlich oft der Eindruck, als würden Norweger Organisationsprozesse nicht ernst nehmen, und schieben dies auf mangelnde Erfahrung und Kompetenz. Der Grund für diesen Eindruck ist jedoch ein anderer: Was Deutsche gern klar und detailliert organisieren würden, sehen Norweger oft etwas gelassener. Der Grund für das Vorgehen der Norweger in diesem Beispiel ist jedoch ein anderer.

Erläuterung zu d):

In Norwegen spielt die gemeinschaftliche Gruppenleistung eine wichtige Rolle. Es ist daher sehr unwahrscheinlich, dass die Norweger von vornherein in einen Wettbewerb mit den deutschen Kollegen treten wollten. Es muss eine bessere Erklärung geben.

◼ Lösungsstrategie

Herr Konrad und seine deutschen Kollegen kommen aus einem Land, in dem Vertrauen institutionsbasiert ist, das heißt es beruht auf Ordnungen, Normen und Vorschriften und ist über schriftliche Verträge als Kontrollmechanismen geregelt. Man vertraut nicht den Personen, sondern in das Funktionieren eines Systems. Umso beunruhigter ist Herr Konrad, als seine norwegischen Kollegen statt mit einem Stapel Verträgen mit mündlichen Zusagen im Meeting erscheinen und beteuern, dass das schon alles so klappen wird, man kenne einander schließlich. Aber was passiert, wenn diese Zusagen eben doch nicht eingehalten werden?

Von Herrn Konrads Seite ist hier Vorsicht geboten. Das vehemente Verlangen nach Schriftlichkeit von deutscher Seite kann von norwegischen Partnern leicht als Zeichen fehlenden Vertrauens und somit als Beleidigung aufgefasst werden und zum Scheitern von Kooperationen führen. Das Wort hat in Norwegen noch immer einen hohen Stellenwert, auch wenn norwegische Firmen im internationalen Kontext nach und nach umdenken müssen. Herr Konrad muss verstehen lernen, dass es wichtig ist, dem Gegenüber Vertrauen entgegenzubringen. »På seg selv kjenner man andre« lautet ein norwegisches Sprichwort: Von sich selbst lässt sich auf andere schließen. Wie also dem Gegenüber vertrauen, wenn dieser mir keines entgegenbringt? Was er in seiner Beunruhigung vermutlich vergisst, ist die Tatsache, dass Vertrauen in engen Beziehungen stärker bindet als ein beschriebenes Blatt Papier mit zwei Unterschriften darauf. Selbstverständlich ist es schwer einzuschätzen, ob man jemandem vertrauen kann, den man nicht persönlich kennt. Jedoch kennen die Norweger in der Beispielsituation ja ihre Gesprächspartner oder haben zumindest entschieden, dass sie auch ohne schriftlichen Vertrag ausreichend Sanktionsmöglichkeiten hätten, um sicherzugehen, dass alles gutgehen wird. Denn der Partner möchte weder die Missachtung des anderen noch die sich daraus möglicherweise ergebenden langfristigen Konsequenzen in dieser kleinen Nation riskieren. Und wenn unvorhersehbare Ereignisse eintreten sollten, die die Einhaltung der Absprache unmöglich machen, wird man neu verhandeln, gemeinsam nach einer Lösung suchen und einen fairen Kompromiss finden. Mit diesem Wissen im Hinterkopf fällt es Herrn Konrad vielleicht schon leichter, dass Vorgehen seiner norwegischen Kollegen zu verstehen und zu akzeptieren. Vielleicht kann er sogar Nutzen aus dieser Erfahrung ziehen und selbst in Zukunft seinen Fokus mehr auf den Aufbau stabiler, persönlicher Geschäftsbeziehungen anstatt auf die perfekte Ausformulierung schriftlicher Verträge richten – im norwegischen Geschäftsleben kommt man nach Aussage vieler langfristig nur so zum Ziel. Die Phase des Beziehungsaufbaus erfordert zwar Geduld und Einsatz, dafür sind die Kooperationen aber auch stabil und verlässlich und machen, wie das Beispiel zeigt, schnelle und flexible Absprachen möglich.

◼ Beispiel 8: Der neue Studienplan

◼ Situation

Frau Willing ist seit einem halben Jahr Lektorin an einer Universität in Südnorwegen. Da ihr in den ersten Monaten bereits eine Menge neuer Ideen und Verbesserungsvorschläge für den Studienbetrieb einfallen, entwickelt sie in den Semesterferien eigeninitiativ einen komplett neuen Studienplan mit neuem Pensum.

Zum Beginn des neuen Semesters präsentiert sie diesen stolz ihren Kollegen. Diese reagieren freundlich, gehen jedoch kaum auf die Neuerungsvorschläge ein. Von diesem Tage an verhalten sie sich äußerst distanziert ihrer neuen Kollegin gegenüber und sie fühlt sich aus der Arbeitsgemeinschaft ausgeschlossen. Frau Willing ist enttäuscht und sehr verwundert darüber, dass niemand ihr eine direkte Rückmeldung zu ihren Neuerungsvorschlägen gibt. Und dass die Kollegen sich plötzlich so distanziert ihr gegenüber verhalten, ohne ihr einen Grund dafür zu nennen, macht sie hilflos. Nach einem weiteren halben Jahr wird der Vertrag von Frau Willing in beiderseitigem Einverständnis aufgelöst.

– Lesen Sie nun die Antwortalternativen nacheinander durch.
– Bestimmen Sie den Erklärungswert jeder Antwortalternative für die gegebene Situation und kreuzen Sie ihn auf der darunter befindlichen Skala an. Es ist möglich, dass mehrere Antwortalternativen den gleichen Erklärungswert besitzen.

■ Deutungen

a) Die norwegischen Kollegen von Frau Willing sind verärgert darüber, dass sie anstatt ihre Arbeit zu erledigen neue Ideen und Verbesserungsvorschläge für den Studienbetrieb konzipiert und damit wertvolle Arbeitszeit vertut.

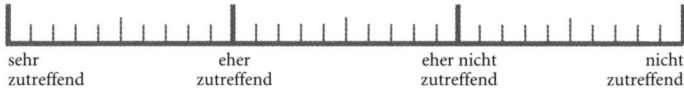

sehr	eher	eher nicht	nicht
zutreffend	zutreffend	zutreffend	zutreffend

b) Da Frau Willing erst seit einem halben Jahr als Lektorin an der norwegischen Universität tätig ist, kann sie die komplexen Studienzusammenhänge überhaupt noch nicht durchschaut haben und ihre vorgetragenen neuen Ideen und Verbesserungsvorschläge erscheinen den norwegischen Kollegen als Spinnerei. Ihre Vorschläge zeigen machen ihnen deutlich, dass Frau Willing für diese Lektorentätigkeit ungeeignet ist.

sehr	eher	eher nicht	nicht
zutreffend	zutreffend	zutreffend	zutreffend

c) Frau Willing hat sich mit ihrer Initiative deutlich aus dem Kreis ihrer Teamkollegen herausgehoben und zu sehr in den Vordergrund der Gemeinschaft gestellt. Insbesondere als neue Kollegin hat sie keinerlei Anspruch auf ein solches Verhalten. In den Augen ihrer norwegischen Kollegen ist sie damit zusammenarbeitsunfähig.

| sehr | eher | eher nicht | nicht |
| zutreffend | zutreffend | zutreffend | zutreffend |

d) Zu Beginn eines neuen Semesters ist jeder Dozent mit seinen eigenen Arbeitsaufgaben beschäftigt und froh, wenn er den Lehrbetrieb nach den Semesterferien wieder in Gang bringen kann. Eine neue und unerfahrene Kollegin, die gerade zu Semesterbeginn mit neuen Ideen und Verbesserungsvorschlägen für den Studienbetrieb ankommt, kann nicht erwarten, dass sie in dieser Phase Beachtung findet, und wird eher als Belastung denn als Bereicherung erlebt, und dementsprechend reagieren ihre norwegischen Kollegen.

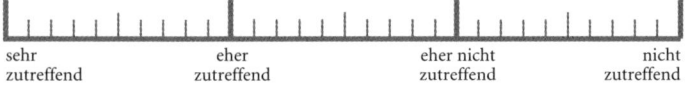

| sehr | eher | eher nicht | nicht |
| zutreffend | zutreffend | zutreffend | zutreffend |

– Versuchen Sie, Ihre Einstufung jeder Antwortalternative zu begründen. Halten Sie die Begründung in schriftlicher Form stichpunktartig fest.
– Lesen Sie nun die Erläuterungen zu jeder Antwortalternative durch und vergleichen diese mit Ihren eigenen Begründungen.

■ Bedeutungen

Erläuterung zu a):
Diese Deutung legt nahe, dass Frau Willing ihre eigentlichen Arbeitsaufgaben aufgrund ihres Engagements bezüglich des Studienplans vernachlässigt hat. Aus der Situationsbeschreibung lässt sich dies aber nicht notwendigerweise schließen, möglicherweise hat sie ja auch den Studienplan zusätzlich zur gewissenhaften Er-

ledigung ihrer sonstigen Aufgaben entwickelt. Genau ein solcher Vorwurf könnte allerdings von Seiten ihrer norwegischen Kollegen als offizielles Argument genutzt werden, wenn diese die Vorschläge abschmettern wollen. Unabhängig davon würde dies die vorliegende Situation aber nicht ausreichend erklären.

Erläuterung zu b):

Dass Frau Willing aufgrund der beschriebenen Situation von ihren Kollegen als fachlich ungeeignet eingestuft wird, muss keinesfalls sein. Man hätte sie sicherlich nicht eingestellt, wäre sie nicht eine tüchtige Mitarbeiterin. Auch wenn sie noch nicht lange an der Universität tätig ist, hat sie vielleicht aus einer früheren Anstellung interessante neue Modelle mitgebracht. Sie ist neu in Norwegen und hat möglicherweise noch keinen großen Freundeskreis aufgebaut und so ist es denkbar, dass sie sich in ihrer Freizeit voller Engagement in die Strukturen ihrer neuen Fakultät eingearbeitet und ein sachlich fundiertes Konzept entwickelt hat. Trotzdem liegt in der Deutung ein Körnchen Wahrheit: Ihr Verhalten zeigt den norwegischen Kollegen tatsächlich, dass sie ungeeignet ist für die Lektorentätigkeit. Allerdings aus einem anderen Grund.

Erläuterung zu c):

Für Norweger ist es wichtiger, Gemeinschaft mit der »Familie« zu symbolisieren und die zwischenmenschliche Harmonie zu erhalten, als die berufliche und persönliche Tüchtigkeit zur präsentieren. In vielen Bereichen des norwegischen Arbeitslebens zählt in höherem Maße als in Deutschland die Gruppenleistung vor der des Einzelnen. So auch an norwegischen Universitäten, wo die kollektive Verantwortung für die Lehre eine sehr große Rolle spielt: Lehrveranstaltungen werden von mehreren Kollegen zusammen unterrichtet, Examen gemeinsam durchgeführt, Lehrpläne gemeinsam entwickelt. In einem solchen System wird allzu engagiertes Verhalten, wenn es auf die falsche Weise kommuniziert wird, eher kritisch betrachtet. Wer im Alleingang mit umfassenden Neuerungsvorschlägen aufwartet, stellt sich als Einzelperson zu sehr in den Vordergrund und erweckt den Anschein, als wolle er sich über die Gemeinschaft stellen (siehe hierzu auch

Themenbereich 5 »Konsensorientierung«). Man wird so schnell als Streber und Besserwisser wahrgenommen und geht das Risiko sozialer Ablehnung ein. Genau das passiert Frau Willing im vorliegenden Beispiel. Insbesondere als neuer Kollege sollte man sich zunächst einen gewissen Status in der Gruppe erarbeiten, bevor man Verbesserungsvorschläge äußert. Hierbei ist es dann ratsam, gewisse Regeln zu beachten. Mehr dazu erfahren Sie in der folgenden Lösungsstrategie. Frau Willings Kollegen werden sich gefragt haben: Wie kommt sie dazu, sich hier so aufzuspielen? Unabhängig ihrer fachlichen Qualität scheint sie nicht geeignet für den Job, da sie sich nach ihrem Empfinden nicht angemessen in die Gruppe integriert. Ihre Reaktion ist der Rückzug und ein Ausschluss aus der Gemeinschaft. Da Frau Willing sich das distanzierte Verhalten nicht erklären kann und sich aus Unsicherheit vermutlich ebenfalls zurückzieht, ist eine Beendigung des Arbeitsverhältnisses leider die logische Konsequenz.

Erläuterung zu d):
Zu Beginn eines Semesters gibt es an allen Universitäten erst einmal eine Anlaufphase, in der jeder Dozent mit seinen eigenen Veranstaltungen beschäftigt und weniger aufgeschlossen dafür ist, größere zusätzliche Projekte in Angriff zu nehmen. Darüber hinaus ist der Arbeitsstil in Norwegen weniger straff als in Deutschland, ihre Kollegen denken also vielleicht zunächst: »Immer mit der Ruhe!« Aber das ist nicht der Grund für deren Reaktion und die darauffolgende Beendigung des Arbeitsverhältnisses. Sonst hätten sie den Entwurf ja zunächst bei Seite legen und sich in einer ruhigeren Periode des Semesters darum kümmern können.

■ Lösungsstrategie

Ein wichtiges Merkmal der norwegischen Kultur ist die Bindung des Individuums an die Gruppe. Dieses Charakteristikum wird von Deutschen in vielen Bereichen sehr geschätzt, da es mit Werten wie Gemeinschaftssinn, Vertrauen und Loyalität verbunden ist. Frau Willing hat hier allerdings eine Situation erlebt, in der eine andere Facette dieses Wir-Gefühls zum Vorschein kommt, die viele Deutsche zunächst vor eine schwierige Herausforderung stellt. Sie hat sich voller Engagement in ihren neuen Job gestürzt. In Deutschland hätte sie mit ihrem Eifer zwar auch Schwierigkeiten bekommen können, vielleicht hätte ihr Chef aber auch gedacht: Toll, da hat sich jemand wirklich Arbeit gemacht, die wir uns jetzt nicht mehr machen müssen. In Norwegen aber hat Frau Willing als Neuling schlicht und ergreifend einen riesigen Fehler gemacht. Es blieben ihr nun leider wenige Möglichkeiten, die Situation noch zum Guten zu wenden. Sie hätte vielleicht die Reaktion ihrer Kollegen ein wenig aufmerksamer beobachten und von Anfang an erkennen können, dass ein Zusammenhang zwischen ihrem Entwurf und deren distanziertem Verhalten besteht. Freundlichkeit und fehlender Widerspruch bedeutet in Norwegen nicht unbedingt, dass man mit etwas einverstanden ist. Zwar würden die konfliktscheuen Norweger der neuen, in ihren Augen überengagierten Kollegin nicht direkt ins Gesicht sagen, dass sie einen Fehler gemacht hat. Aber sie zeigen eben auch kein Interesse an ihren Vorschlägen, stellen keine Fragen und nehmen das Thema nicht aktiv wieder auf. Hätte sie diese Signale gleich richtig gedeutet, hätte sie versuchen können, ihren Fehler wieder gut zu machen, indem sie sich für ihr forsches Auftreten entschuldigt und ihren Kollegen erklärt, dass sie da vielleicht etwas voreilig war. Große Aussichten auf Erfolg hätte sie damit allerdings nicht.

Was nun hätte Frau Willing tun können, um gar nicht erst in eine solche Lage zu kommen? Wenn Frau Willing davon ausginge, dass Engagement und Tüchtigkeit in Norwegen unerwünscht sind und entsprechend reagierte, würde sie auch keinen Erfolg haben. Um innovative Vorschläge erfolgreich anzubringen und umzusetzen, sollte man folgende Punkte berücksichtigen: Als Neuling ist bei Verbesserungsvorschlägen zunächst einmal Vorsicht geboten. Es wäre ratsamer gewesen, wenn Frau Willing sich zunächst um einen persönlichen Kontakt zu ihren Kollegen bemüht hätte und so mit der Zeit als akzeptiertes Mitglied in die Gruppe aufgenommen worden wäre. Dann hätte sie ihre Neuerungsvorschläge eher in kleinen Schritten portionieren sollen. Norwegische Universitäten sind relativ unflexibel und verschlossen Reformen gegenüber. Im zweiten Schritt muss Frau Willing verstehen lernen, dass Ideen immer gemeinsam aus der Gruppe heraus geboren werden müssen, der man angehört. Sie hätte also zunächst in informellem Rahmen einzelne Kollegen für ihren Vorschlag gewinnen oder sie nur beiläufig erwähnen sollen in der Hoffnung, dass sie von einem etablierten Kollegen aufgegriffen und präsentiert werden. Grundsätzlich sollte sie verstehen, dass die typisch deutsche Art des direkten Vorgehens oft als besserwisserisch und dominant wahrgenommen wird. Sie sollte Ideen vorsichtiger vortragen, beispielsweise: »Ich weiß nicht, ob es eine gute Idee ist, aber habt ihr davon schon mal was gehört? Wäre das vielleicht auch etwas für uns?«

■ Hintergrundinformationen zu »Gruppenorientierung«

Norweger haben ein sehr starkes Wir-Bewusstsein und einen starken Gemeinschaftssinn. Die Zugehörigkeit des Einzelnen zur Gruppe ist von hoher Bedeutung und das Miteinander ist geprägt von Vertrauen und Loyalität. Die Zugehörigkeit des Individuums zur und die Solidarität gegenüber der Gruppe sind tragende Werte in der norwegischen Gesellschaft. Das norwegische Sprichwort »Zeig mir, wer deine Freunde sind, und ich sage dir, wer du bist« macht das identitätsstiftende Element deutlich. Dabei fühlen die Norweger in der Regel gleichzeitig eine starke Zugehörigkeit zu mehreren Gruppen in unterschiedlichen Lebensbereichen. Im Berufsleben ist man an seinem Arbeitsplatz Teil eines Teams, im gesellschaftlichen Leben besteht eine enge Zugehörigkeit zu Vereinen und Organisationen, und im Privatleben ist man Teil des Freundeskreises und der (Kern-)Familie. Darüber hinaus versteht man sich in weit stärkerem Maße als in Deutschland als Mitglied der übergeordneten norwegischen »Gemeinschaft«. Spricht man von Staat, meint man damit »wir Norweger«. Die Gesellschaft ist in Norwegen etwas Gemeinschaftsstiftendes, zu der alle gehören und aus der niemand ausgeschlossen wird. Der norwegische Terminus für Gesellschaft, »samfunn«, bedeutet vom Wortsinn her »Zusammenhalt« oder »Zusammenfinden«.

So gesehen ist die Dichotomie von Staat und Gesellschaft in Norwegen schwächer als in Deutschland.

■ Solidarität

Das »Wir-Bewusstsein« innerhalb der einzelnen Gruppen führt zu einer starken Inklusion des Einzelnen. Norweger verhalten sich in all diesen Zusammenhängen sozusagen so, »als seien sie miteinander in einer Familie« (Moen, 2003, S. 4, Übersetzung der Autorin). Ist man einmal Teil des »Wir« geworden, kann man auch im Arbeitskontext starke Unterstützung und Solidarität erwarten. Befindet sich ein Mitarbeiter zum Beispiel privat in einer schwierigen Lage, ist ihm die Unterstützung seiner Kollegen sicher und es wird großes Verständnis aufgebracht, wenn er nicht den normalen Arbeitseinsatz bringen kann. Der Situation des Einzelnen kommt eine höhere Priorität zu als der Logik von Effizienz und Zielen.

Im gesellschaftlichen Miteinander offenbart sich diese Einstellung in mitmenschlicher Hilfsbereitschaft, bürgerlicher Verantwortungsübernahme und einem hohen unentgeltlichen Engagement in einem aktiven Vereinsleben. Spricht man in Deutschland von einer »ökonomisierten Gesellschaft«, wird in Bezug auf Norwegen eher der Zusammenhalt auf nicht-ökonomischer Grundlage betont (vgl. Eckstein, 1966). Im Rahmen des »Dugnad«, also des gemeinsamen Einsatzes einer Nachbarschaft, einer gesellschaftlichen Gruppe oder eines Vereins, arbeitet man zusammen, um einander zu helfen oder gemeinschaftliche Einrichtungen zu reparieren, instand zu halten oder zu errichten. Dabei handelt es sich oft um Arbeiten, für die man beispielsweise in Deutschland eher einen Fachmann bezahlen würde. Innerhalb der großen Städte geht diese Verhaltensweise zwar zurück, in den vielen kleineren Gemeinden und in Vereinen ist der Zusammenhalt und die gegenseitige Unterstützung jedoch noch immer hoch. Auch werden Regeln, die das Gemeinwohl betreffen, strikt eingehalten, ein Regelverstoß des Einzelnen zu seinen eigenen Gunsten wird mit starker Missbilligung gestraft. Das soziale Engagement oder die ehrenamtliche Arbeit in einem Verein gelten als etwas sehr Positives und können im Lebenslauf eines jungen Menschen eine ähnliche Aussagekraft haben wie seine Ausbildung. Hans Magnus Enzensberger schreibt hierzu: »Norwegen hat ungefähr so viele Einwohner wie Detroit, Shenyang, Madras oder Bogotá, nämlich rund vier Millionen, aber zugleich verfügt das Land über schätzungsweise dreißig Millionen Mitglieder. Niemand auf der Welt ist besser organisiert. Ihre siebenfache Zugehörigkeit scheint die Norweger zu entzücken« (Enzensberger, 1987, S. 263). Die Zugehörigkeit zu einem Verein entspricht geradezu einem gesellschaftlichen Muss, denn das öffentliche soziale Leben in Norwegen findet in der Regel im Verein statt.

■ Personenorientierung im Arbeitsleben

Im Vergleich zur deutschen Tendenz, Sache und Person insbesondere im Arbeitskontext voneinander zu trennen und damit einhergehend die Sache vor die Pflege persönlicher Beziehungen zu stellen, sind diese zwei Komponenten in Norwegen stets miteinander verknüpft. Man handelt nach dem Motto: »It's not just business, it's personal.« Eckstein schreibt hierzu im Rahmen einer politischen Studie über Norwegen: »Norwegian social relations, despite the considerable modernization of the country and despite little open display of emotional warmth towards others, still manifest strong noneconomic patterns of conduct that constantly modify, or even nullify, economic ones [. . .] they treat one another without overriding consideration of utility – that is, as if they were true intimates« (Eckstein, 1966, S. 81). So werden auch Unternehmen quasi als große Familien aufgefasst, in denen gute und vertrauensvolle Beziehungen zwischen den Teammitgliedern ungeachtet von Hierarchiestufen bestehen sollen. Es herrscht die Ansicht, dass der einzelne Mitarbeiter engagierter und effektiver arbeitet, wenn er sich wohlfühlt. Deshalb ist das harmonische Miteinander innerhalb der Gruppe eine wichtige Grundvoraussetzung für erfolgreiches und produktives Arbeiten im Team. Hierzu muss man einander kennen. Wie in Themenbereich 6 »Gleichwertigkeit von Arbeit und Privatleben« näher beschrieben, bedeutet dies in Norwegen, den ganzen Menschen mit all seinen Facetten, nicht nur den arbeitsbezogenen Teil, kennen zu lernen. Deshalb ist auch der Austausch von scheinbar nicht mit der Aufgabe verbundenen Themen wichtig, die das Privat- und Freizeitleben der Personen betreffen. Dieser Beziehungsauf- bau und die Beziehungspflege finden nicht nur in den gemeinsa- men Pausen statt, sondern auch beispielsweise in der Abteilungs- besprechung. Deutsche sind einzelorientiert und von Gruppen, Organisationen oder anderen Kollektiven emotional weitgehend unabhängig (vgl. Apfelthaler, 1999). »Die Motivation zum ge- meinsamen Tun entspringt der Sachlage, evtl. den Sachzwängen« (Schroll-Machl, 2001, S. 102). Der Richtigkeit der Sache wird in Deutschland mehr Bedeutung beigemessen als einem harmoni- schen Gesprächsklima. Ihr direkter und konfrontativer Kommu- nikationsstil wird von norwegischen Kollegen schnell auf einer höheren Konfliktebene wahrgenommen und beeinträchtigt die Atmosphäre (siehe hierzu auch Beispiel 10). Während bei den Deutschen die Einstellung vorherrscht, »dass jeder für sich selbst und seine Interessen Verantwortung tragen kann und muss« (Schroll-Machl, 2001, S. 194), steht für die Norweger zunächst das Wohl der Gruppe im Vordergrund, denn nur so können sie der gemeinsamen Sache dienen.

Die Zusammenarbeit in Norwegen ist weniger formal geregelt, weshalb Vertrauen die Basis einer erfolgreichen Kooperation so- wohl unter Geschäftspartnern als auch zwischen Kollegen bildet. In der Regel kennt man einander in diesem kleinen Land inner- halb der eigenen Branche persönlich. Je direkter die Interaktion, desto besser kann das Gegenüber eingeschätzt werden und desto schneller baut sich Vertrauen auf. Eine Kontaktaufnahme von Angesicht zu Angesicht ist einer schriftlichen Kommunikation vorzuziehen. Erst nach dieser Personifizierung des Kontakts kann eine erfolgreiche Kooperation stattfinden.

■ Soziale Beziehungsnetzwerke

Die hohe Qualität der sozialen Beziehungen innerhalb der ein- zelnen Gruppen führt dazu, dass man den eigenen Gruppenmit- gliedern gegenüber auch ohne sachliche Begründung Loyalität erweist, was die Bedeutung wechselseitiger informeller Verpflichtungen und Gefälligkeiten erhöht. Die geringe Bevölkerungszahl und das aktive Vereinsleben führen dazu, dass sich organisationsübergreifende Beziehungsnetzwerke und Allianzen bilden. Man kennt sich, man hat miteinander geredet und dann kann man auch etwas füreinander tun. Die Zugehörigkeit zu diesen Netzwerken ist für das berufliche Vorwärtskommen von großem Vorteil. Da der Umgang in Norwegen stark auf Vertrauen und Gruppenzugehörigkeit basiert, hat das Kriterium des persönlichen Kennens und des »Einer-von-uns«-Seins eine hohe Bedeutung und steht oft auch über fachlichen Kriterien. Ist dies nicht der Fall und hat man keine über gemeinsame Netzwerke vermittelte Reputation, ist Geduld gefordert. Für Außenstehende ist es dabei oft schwierig, in diese Netzwerke einzudringen, bei denen es sich nicht selten um gewachsene »Sandkastenfreundschaften« handelt.

■ Partielle Trennung von Lebensbereichen

In Norwegen wird die Trennung zwischen den einzelnen Lebensbereichen auf andere Weise und unter anderen Umständen vollzogen als in Deutschland. Im Gegensatz zu Deutschland wird keine Trennung zwischen Rolle und Person vorgenommen. Das bedeutet, dass man nur zu einem geringen Maße zwischen seiner Rolle in der beruflichen Welt und der als Privatperson unterscheidet. Durch die Hierarchieabneigung wird das Rollenmuster der Norweger nicht dadurch bestimmt, dass man seinen Platz in der Hierarchie kennt und sich gemäß dieser Rolle verhält, sondern es gilt, sich als gesamte Person im kommunikativen Prozess der Zusammenarbeit einzubringen, eine Verhaltensweise, die auf Deutsche unprofessionell wirken kann.

Der persönliche und herzliche Umgang miteinander innerhalb einer Gruppe (z. B. Arbeitsteam, Vereinsgruppe) bedeutet allerdings nicht, dass der Person automatisch auch Zutritt zu anderen Bereichen des Lebens gewährt wird oder sich die gemeinsamen Aktivitäten ausweiten. Hierzu muss man explizit eingeladen werden. Der Aufbau enger, verbindlicher Freundschaften mit Zugang zu mehreren Lebensbereichen dauert sehr lange. Haben sie sich jedoch einmal entwickelt, sind sie sehr dauerhaft und verpflichtend und beinhalten ein hohes Maß an Loyalität. So ist es trotz freundschaftlicher Beziehung zu Kollegen im Arbeitskontext nicht unbedingt üblich, mit ihnen nach Feierabend ein Bier zu trinken oder private Zusammenkünfte zu organisieren. Insbesondere hinsichtlich ihres Zuhauses sind Norweger sehr verschlossen. Für Deutsche kann es zum Beispiel verwunderlich sein, dass trotz des sehr guten Kontakts ein spontaner privater Besuch bei einem Norweger zuhause als Eindringen in die Privatsphäre aufgefasst wird.

■ Kulturelle Verankerung von »Gruppenorientierung«

Hier können mehrere historische Wurzeln versuchsweise zur Erklärung herangezogen werden. In Norwegen, einer kleinen und zurückgezogenen Agrargesellschaft mit sehr spät einsetzender Industrialisierung und Urbanisierung, hat Harmonie, Solidarität und Zusammenhalt traditionell einen hohen Wert. Man arbeitete in der Gruppe, auf dem Hof oder als Fischer, und kam nur gemeinsam zum Ziel. Wettbewerb führte man weniger gegeneinander als gemeinsam gegen die Natur. In diesem dünn besiedelten, ärmlichen Land war man auf die Hilfe seiner Nachbarn angewiesen und versuchte, die unterschiedlichen Fähigkeiten gemeinsam einzusetzen. Es war deshalb wichtig, gute und enge Beziehungen zu den Gruppenmitgliedern aufzubauen, um deren Loyalität und Unterstützung zu erhalten und sich auf diese Weise sozial abzusichern.

Aus den verhältnismäßig freien und egalitären Verhältnissen in der Bauernkultur erwuchs ein starkes Verantwortungsbewusstsein gegenüber der Gemeinschaft (vgl. Meyer, 2001c). Das hohe Vertrauen in den Staat, den man eher als Wohltäter denn als Unterdrücker sah (Allardt, 1988), bildete die Grundlage für die Entwicklung des Wohlfahrtsstaates. Beispielsweise wurde 1739 in ganz Norwegen der obligatorische Schulgang eingeführt und am Ende des 19. Jahrhundert konnten 80 Prozent der norwegischen Bevölkerung lesen und schreiben. Spätestens seit Mitte des 19. Jahrhundert weitete sich dieser Gemeinschaftssinn auf die nationale Ebene aus. In Verbindung mit dem »nation-building«-Prozess und den sich entwickelnden Volksbewegungen, wie beispielsweise den religiösen Erweckungsbewegungen, wurde das norwegische Gemeinschaftsbewusstsein entwickelt und gefestigt. Aus dem gestärkten Selbstbewusstsein des gemeinen Volkes erwuchs eine starke nationale Solidarität. Diese zeichnet sich einerseits durch die hohe Akzeptanz starker staatlicher Interventionen aus, fördert aber gleichzeitig die Partizipation des Volkes in Form starker Interessensorganisationen.

Die Strukturen und Verhaltensweisen der prämodernen Gesellschaft haben trotz der Entwicklung Norwegens hin zu einer Industrienation in hohem Maße überlebt. Vielleicht haben sie sich auch gerade wegen dieser schnellen wirtschaftlichen Veränderungen so stabil erhalten, da die Gesellschaft das Bedürfnis nach einem Festhalten an gewissen Eckpunkten in Formen von Werten und Traditionen hatte. Die stabilen Bindungen der Menschen zueinander in einem stabilen politischen und territorialen System und die geringe Bevölkerungszahl Norwegens führten dazu, dass Vertrauen und eine persönliche Beziehung immer die Basis für Zusammenarbeit bildeten. Man kannte die Menschen, mit denen man zu tun hatte, persönlich und war es weniger gewohnt, mit Fremden zu interagieren. Das prägt bis heute die Zusammenarbeit. Die erhöhte Komplexität der modernen Gesellschaft und die Zunahme an Kontakten und Gruppenzugehörigkeiten machte jedoch möglicherweise eine partielle Abgrenzung der Kontakte nötig. Man wünschte sich weiterhin eine enge Gruppenzugehörigkeit, jedoch würde die Einbeziehung der Gruppenmitglieder in alle Bereiche des Lebens dem gleichzeitig historisch gewachsenen Bedürfnis nach Eigenständigkeit und Rückzug widersprechen.

■ Themenbereich 4: Harmonieorientierung

■ Beispiel 9: Die offene Kritik

■ Situation

Herr Lennert ist Mitglied eines angesehenen norwegischen Wohltätigkeitsclubs, in dem neben ihm ein weiterer Deutscher, Herr Wendlandt, sowie einige Norweger aus leitenden Positionen ehrenamtlich tätig sind. Bei einem Meeting kommt es zu einem Streitgespräch bezüglich einer vor kurzem missglückten Maßnahme. Nach einem kurzen Wortwechsel wendet sich der Deutsche, Herr Wendlandt, mit einer sachlich absolut korrekten Kritik direkt an eines der norwegischen Mitglieder, Herrn Storebø, und leitet diese mit den Worten ein: »Ich kann mir nicht vorstellen, dass du nicht gewusst haben willst . . .« Der Angegriffene reagiert deutlich erschrocken, erwidert jedoch nichts. Einige norwegische Teilnehmer, ebenfalls sichtlich erschrocken über die Art der Kritikausübung, treten Herrn Storebø bei, betonen die vielen erfolgreichen Projekte und schlagen vor, gemeinsam eine Lösung für das aktuelle Problem zu erarbeiten. Einige Tage später wendet sich Herr Storebø mit einer ausführlichen Darstellung seiner Sicht des diskutierten Sachverhalts an die Mitglieder und erklärt seinen Rücktritt. Auch eine Entschuldigung durch Herrn Wendlandt ändert nichts an seinem Entschluss. Frau Lennert ist betroffen: »Mit dieser starken Reaktion hätte ich nicht gerechnet, er hätte sich doch verteidigen können und schließlich hatte er doch auch die Unterstützung der anderen Mitglieder!«

Warum reagiert Herr Storebø auf diese Weise?

– Lesen Sie nun die Antwortalternativen nacheinander durch.

– Bestimmen Sie den Erklärungswert jeder Antwortalternative für die gegebene Situation und kreuzen Sie ihn auf der darunter befindlichen Skala an. Es ist möglich, dass mehrere Antwortalternativen den gleichen Erklärungswert besitzen.

■ Deutungen

a) Herr Storebø wurde durch die explizite und öffentliche Anschuldigung stark gedemütigt und verlor damit sein Gesicht. Dies ist auch durch eine nachträgliche Entschuldigung nicht mehr gut zu machen. Eine weitere Zusammenarbeit im Wohltätigkeitsclub ist für ihn somit unmöglich.

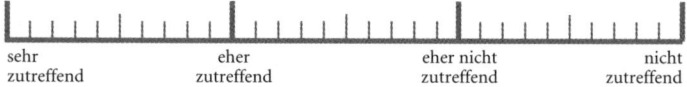

sehr zutreffend   eher zutreffend   eher nicht zutreffend   nicht zutreffend

b) Herr Storebø hat schon lange auf eine Gelegenheit gewartet, die ehrenamtliche Arbeit loszuwerden. Hier nun bot ihm Herr Wendlandt eine gute Gelegenheit, denn ohne Grund ein Ehrenamt abzugeben, kommt in Norwegen nicht gut an.

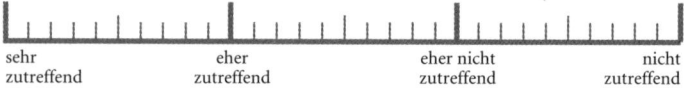

sehr zutreffend   eher zutreffend   eher nicht zutreffend   nicht zutreffend

c) Herr Wendlandt und Herr Storebø waren sich so unsympathisch, dass Herr Wendlandt schon lange eine Gelegenheit gesucht hat, Herrn Storebø aus dem Club hinauszubringen. Mit der durchaus als Beleidigung zu verstehenden Einführung seiner sachlichen Kritik ist ihm das auch gelungen.

sehr zutreffend   eher zutreffend   eher nicht zutreffend   nicht zutreffend

d) Von einem deutschen Clubmitglied kann sich ein Norweger eine mit den einführenden Worten »Ich kann mir nicht vorstellen, dass du nicht gewusst haben willst ...« verbundene Unterstellung einer Irreführung nicht gefallen lassen. Das lässt das nationale Ehrgefühl nicht zu.

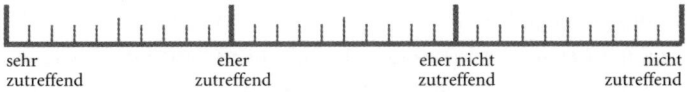

sehr zutreffend	eher zutreffend	eher nicht zutreffend	nicht zutreffend

- Versuchen Sie, Ihre Einstufung jeder Antwortalternative zu begründen. Halten Sie die Begründung in schriftlicher Form stichpunktartig fest.
- Lesen Sie nun die Erläuterungen zu jeder Antwortalternative durch und vergleichen diese mit Ihren eigenen Begründungen.

■ Bedeutungen

Erläuterung zu a):
Ja, genau so ist es. Herr Wendlandt hat hier sozusagen eine »Ehrkränkung« vorgenommen, indem er Herrn Storebø vor allen anderen Mitgliedern direkt und stark kritisiert hat. Während in Deutschland die Trennung zwischen Sache und Person dazu führt, dass im Arbeitsleben oft die effiziente Bewältigung sachlicher Aufgaben Vorrang vor der persönlichen Beziehung hat, ist es in Norwegen das Gegenteil. Die Beziehungsebene hat Vorrang und das harmonische Miteinander ist eine Grundvoraussetzung für die erfolgreiche Zusammenarbeit unter Norwegern. Da man Person und Sache nicht getrennt voneinander sieht, wird direkte Kritik persönlich genommen und gefährdet so, auch wenn sie sachlich fundiert ist, schnell die zwischenmenschliche Beziehung. Durch Herrn Wendlandts direkte und für Norweger aggressive Art der Kritikausübung im Beisein anderer ist eine für alle Anwesenden äußerst unangenehme Situation entstanden. Vor seinen Kollegen als unfähig oder verantwortungslos dargestellt zu werden, ist für Herrn Storebø eine starke Demütigung und ein furchtbarer Gesichtsverlust. Ein solcher persönlicher Angriff ist unverzeihlich und auch durch die Unterstützung der Kollegen oder eine nachträgliche Entschuldigung nicht reparabel. Eine weitere Zusammenarbeit ist somit unmöglich. Für Herrn Storebø gab es keine andere Möglichkeit als einen Rückzug aus dem Gremium.

Erläuterung zu b):

Ehrenämter in Vereinen oder Organisationen sind in Norwegen so üblich und hoch geschätzt, dass sie in Bewerbungen in der Regel sogar eine Extrakategorie im Lebenslauf einnehmen. Der Grund für das Niederlegen des Ehrenamtes ist aber im vorliegenden Beispiel kein vorgeschobener, sondern für Herrn Storebø die einzig mögliche Reaktion auf die Situation. Warum?

Erläuterung zu c):

Dass die übrigen norwegischen Mitglieder ähnlich erschrocken auf die Situation reagieren wie Herr Storebø, während die beiden deutschen Sitzungsteilnehmer Herr Lennert und Herr Wendlandt die Reaktion nicht wirklich verstehen, deutet eher auf ein kulturelles Missverständnis hin. Wäre das Verhältnis zwischen Herrn Wendlandt und Herrn Storebø tatsächlich so schlecht, hätte Herr Wendlandt sich vermutlich auch nicht im Nachhinein bei dem Norweger entschuldigt.

Erläuterung zu d):

Es geht hier wohl weniger um das nationale als um das persönliche Ehrgefühl von Herrn Storebø. Eine in diesem Kontext offen geäußerte Unterstellung wäre für jeden Norweger äußerst kränkend und inakzeptabel. Dass die Anschuldigung von einem Deutschen kommt, macht die Sache sicher nicht einfacher, denn Norweger lassen sich nicht gern von Fremden und vor dem Hintergrund der gemeinsamen Geschichte insbesondere nicht von einem Deutschen belehren oder kritisieren. Dies ist hier aber nur zweitrangig.

■ Lösungsstrategie

Ein Projekt ist gescheitert und der daraus für Herrn Wendlandt logisch folgende Schritt ist eine kritische Analyse dessen, was falsch gemacht wurde und wer diese Fehler begangen hat, um daraus für eventuell folgende Maßnahmen zu lernen. Da er einen Fehler, der zum Scheitern des Projektes beigetragen hat, bei dem norwegischen Mitglied Herrn Storebø sieht, spricht er dies bei der Diskussion in der nächsten Stiftungsratssitzung auch gleich offen an. Seine Kritik ist sachlich richtig und so sieht er kein Problem darin, das, was vermutlich alle denken, auch direkt und ehrlich zu äußern. Für ihn steht in diesem Moment nicht der Mensch Herr Storebø mit seinen Befindlichkeiten im Vordergrund, sondern eine sachliche Fehleranalyse. In kulturvergleichenden Studien zeigt sich immer wieder, dass die Selbstverständlichkeit, mit der Fehler von Deutschen direkt angesprochen und beteiligte Personen kritisiert werden, bei ausländischen Fach- und Führungskräften einen regelrechten Schock auslöst. Statt sich intensiv mit einer schmerzhaften Ursachenanalyse zu beschäftigen, konzentrieren sich Norwegern lieber auf die gemeinsame Entwicklung von Lösungsideen.

Herr Wendlandt hätte den Sachverhalt in einem Gespräch unter vier Augen ansprechen oder aber die Aussage in eine allgemeinere, taktvollere Form verpacken sollen, also beispielsweise: »Dies oder jenes Projekt hätte vielleicht auf eine bessere Art und Weise durchgeführt werden können« oder an die Gruppe und damit an alle Verantwortlichen richtend: »Dies oder jenes hätten wir vielleicht besser machen können« oder noch besser in eine Frage gekleidet: »Was denkt ihr über unsere Durchführung dieses Projekts?« Somit hätte er sich selbst in den Kreis der Verantwortlichen eingeschlossen (siehe Themenbereich 3 »Gruppenorientierung«). Gleichzeitig könnte Herr Storebø sich auf diese Weise in einem ihm angemessen erscheinenden Maße selbstkritisch äußern und die anderen Mitglieder hätten die Möglichkeit, ihm zur Seite zu stehen, vielleicht einzuräumen, dass Herr Storebø mehr Unterstützung von ihnen hätte bekommen sollen. Solche Aussagen wären zwar nach norwegischem Maßstab schon eine relativ direkte Kritik, aber in einer akzeptablen Form vorgetragen, so dass das Gegenüber sie ohne Gesichtsverlust annehmen könnte. Generell tut Herr Wendlandt gut daran, sich mit direkter Kritik gegenüber Norwegern zunächst zurückzuhalten und in Zukunft genau hinzuhören, mit welchen teilweise subtilen verbalen und nonverbalen Mitteln seine norwegischen Kollegen Kritik äußern. Denn auch höflich klingende Worte und scheinbar unwichtige Bemerkungen können in Norwegen erhebliche Kritik enthalten.

■ Beispiel 10: Der heftige Streit

■ Situation

Herr Reimer ist Geschäftsführer einer kleinen Firma in Oslo. Neben ihm ist noch ein weiterer Deutscher, Herr Melzer, in hoher Position in dem Unternehmen beschäftigt. Zum wiederholten Male kommt dieser viel zu spät zu einer Besprechung, während seine Kollegen schon warten, da er angeblich noch ein Telefonat zu Ende führen muss. An diesem Tag platzt Herrn Reimer der Kragen. Er geht zu Herrn Melzers Büro, fordert ihn wütend auf, das Telefonat sofort zu beenden und schlägt daraufhin die Bürotür hinter sich zu. Der Kollege stürmt entrüstet aus seinem Zimmer. Er findet es unmöglich, dass Herr Reimer ihn bei einem Kundengespräch stört, dass seiner Meinung nach immer Priorität hat! Es folgt ein heftiger Wortwechsel vor den Augen der Kollegen, in dem sich beide gegenseitig laut anschreien. Anschließend setzen sich die beiden zu ihren norwegischen Kollegen und halten wie gewohnt das Meeting ab. Diese wirken angespannt und niedergeschlagen. Im Anschluss an die Besprechung ziehen sich die zwei Deutschen in ein Büro zurück, sprechen über den Vorfall und kommen zu einer Einigung. Daraufhin ist »die Sache für sie aus der Welt«. Die Stimmung unter den norwegischen Kollegen bleibt jedoch auch in den nächsten Tagen angespannt. Auf seine Nachfrage hin erfährt der deutsche Chef, dass sie befürchten, die Firma würde auseinanderbrechen. Herr Reimer kann sich nicht erklären, wie sie auf diesen absurden Gedanken kommen.

Wie erklären Sie sich die Reaktion der norwegischen Mitarbeiter?

– Lesen Sie nun die Antwortalternativen nacheinander durch.
– Bestimmen Sie den Erklärungswert jeder Antwortalternative für die gegebene Situation und kreuzen Sie ihn auf der darunter befindlichen Skala an. Es ist möglich, dass mehrere Antwortalternativen den gleichen Erklärungswert besitzen.

■ Deutungen

a) Die norwegischen Mitarbeiter können nicht verstehen, warum Herr Reimer sich so aufregt, da Zuspätkommen in Norwegen häufig vorkommt und keinesfalls geahndet wird. Jeder geht davon aus, dass ein Zuspätkommen doch schon seine Gründe haben wird. Da die Auseinandersetzung so aggressiv geführt wurde, vermuten sie, dass es in Wirklichkeit um zentrale firmenspezifische Belange geht, was ihnen Sorge bereitet.

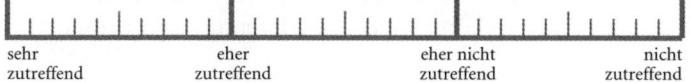

| sehr zutreffend | eher zutreffend | eher nicht zutreffend | nicht zutreffend |

b) Da die beiden Deutschen ihre Auseinandersetzung sicher in Deutsch und nicht in Norwegisch oder Englisch ausgetragen haben, konnten die norwegischen Kollegen überhaupt nicht verstehen, um was es hier ging, sondern haben lediglich aus der Mimik, der Lautstärke und der aggressiv wirkenden Redeweise geschlossen, dass zwischen den beiden etwas nicht stimmt, und machen sich nun Sorgen um den Bestand der Firma.

| sehr zutreffend | eher zutreffend | eher nicht zutreffend | nicht zutreffend |

c) Die Kollegen sind von Herrn Reimers lautstarkem Wutausbruch schockiert. Das expressive Zeigen von Emotionen ist im harmonieorientierten Norwegen nicht üblich. Eine solch laute und sichtbar emotionale Auseinandersetzung könnte unter Norwegern nicht ohne tiefgreifende Konsequenzen für eine künftige Zusammenarbeit stattfinden.

| sehr zutreffend | eher zutreffend | eher nicht zutreffend | nicht zutreffend |

d) Sich in der Öffentlichkeit anschreien, Türen knallen lassen und jemanden scharf zurechtweisen ist für die Norweger ein Zeichen, dass Herr Reimer sich nicht unter Kontrolle hat und deshalb für den Geschäftsführerposten völlig ungeeignet ist. Sie befürchten nun die Entlassung von Herrn Reimer, verbunden mit möglichen gravierenden Umstrukturierungen im Unternehmen.

| sehr | | eher | | eher nicht | | nicht |
| zutreffend | | zutreffend | | zutreffend | | zutreffend |

- Versuchen Sie, Ihre Einstufung jeder Antwortalternative zu begründen. Halten Sie die Begründung in schriftlicher Form stichpunktartig fest.
- Lesen Sie nun die Erläuterungen zu jeder Antwortalternative durch und vergleichen diese mit Ihren eigenen Begründungen.

■ Bedeutungen

Erläuterung zu a):
Der norwegische Umgang mit Pünktlichkeit ist tatsächlich ein etwas flexibler als in Deutschland und der Beginn eines Meetings kann sich dadurch auch schon einmal um ein paar Minuten verschieben. Regelmäßiges Zuspätkommen allerdings bleibt auch hier nicht ohne Konsequenzen. Es kann aber durchaus sein, dass die Mitarbeiter hinter dem Streit tatsächlich zentrale firmenspezifische Belange und Unstimmigkeiten vermuteten. Aber warum ist dies so, die beiden Deutschen haben sich doch nach ihrem Streit schnell wieder vertragen?

Erläuterung zu b):
Ob die beiden Deutschen ihre Auseinandersetzung tatsächlich in Deutsch geführt haben, wissen wir nicht. Es ist zwar nicht auszuschließen, dass sie aufgrund des ständigen Gebrauchs des Norwegischen im Arbeitskontext den Streit auch in Norwegisch ausgetragen haben, auf der anderen Seite ist es recht wahrscheinlich, dass sie in einer solch emotionalen Situation ihre gemeinsame Muttersprache wählen. Umso verwunderlicher wäre es dann aber doch, dass ihre norwegischen Mitarbeiter aufgrund eines Streitgesprächs, dessen Inhalt sie noch nicht einmal verstanden haben, auf die Idee kommen, sich um das Fortbestehen der Firma sorgen zu müssen.

Erläuterung zu c):
Der Wunsch nach einer harmonischen Atmosphäre in der Gemeinschaft ist in Norwegen sehr ausgeprägt. Man geht vorsichtig miteinander um und vermeidet starke Gefühlsausbrüche, ebenso wie laute Auseinandersetzungen und konflikthafte Situationen. Liest man die Geschäftsordnung des norwegischen Parlaments, findet man beispielsweise einen Paragraphen, der laute Zwischenrufe und den Gebrauch von Schimpfwörtern während der Plenarsitzungen verbietet. Ein expliziter Konflikt wird nie losgelöst von den agierenden Personen betrachtet und dadurch immer als eine Bedrohung der Harmonie in der Gruppe aufgefasst. Ist er unausweichlich, löst man ihn möglichst leise und unter Ausschluss der Öffentlichkeit. Eine öffentliche, laute Auseinandersetzung wiegt deshalb in Norwegen sehr viel schwerer als in Deutschland, hat tiefgreifende Konsequenzen für die weitere Zusammenarbeit oder bedeutet sogar den endgültigen Bruch der Beziehung. Diesen versucht man jedoch unter allen Umständen zu vermeiden. Aufgrund der niedrigen Bevölkerungszahl sind die einzelnen Milieus so klein, dass man sich »immer zweimal trifft«, man muss also weiterhin miteinander auskommen. Würde es von Seiten eines Norwegers zu so einem starken emotionalen Gefühlsausbruch in aller Öffentlichkeit kommen, würde dies ein sehr viel höheres Konfliktniveau widerspiegeln als bei einem Deutschen. Auch wenn das Zuspätkommen des Kollegen die norwegischen Mitarbeiter womöglich ebenfalls stört, möchten sie eine laute Auseinandersetzung oder einen offenen Konflikt auf Kosten einer angenehmen Atmosphäre im Team auf jeden Fall vermeiden. Die konfrontative Art der beiden Deutschen bei der Konfliktaustragung schockiert sie zutiefst und ist ihnen äußerst unangenehm. Ihre logische Interpretation ist es, dass dieser Streit Ausdruck eines ernsthaften Zerwürfnisses zwischen den beiden leitenden Führungskräften ist und dass nach diesem Vorkommnis nun keine weitere Zusammenarbeit mehr möglich ist.

Erläuterung zu d):
Lautes Schreien oder Türenknallen ist für Norweger tatsächlich ein Zeichen mangelnder Selbstbeherrschung und weder üblich noch akzeptiert. Dass sie allerdings wegen dieses einen Vorfalls

gleich mit Herrn Reimers Entlassung rechnen, ist eher unwahrscheinlich. Schließlich hat er nicht ohne Grund den Posten des Geschäftsführers bekommen, er wird also sicherlich tüchtig sein.

▒ Lösungsstrategie

Herr Reimer ist nicht zum ersten Mal verärgert über das unhöfliche und unzuverlässige Zuspätkommen seines Kollegen und heute musste er seinem Ärger einfach Luft machen. Es wurde dann zwar ein wenig lauter, aber dafür haben die beiden im Anschluss an das Meeting die Gelegenheit für ein klärendes Gespräch genutzt und die Sache aus der Welt geschafft. Nun können sie endlich wieder effizient und ohne subtile Verärgerung miteinander arbeiten.

Aus Sicht ihrer norwegischen Kollegen jedoch stellt sich die Situation ganz anders dar. Sie sind eine subtilere Art der Konfliktartikulation und der Konfliktlösung gewohnt. Nicht durch Lautstärke oder das Zuschlagen von Türen verleiht man seinem Missfallen Ausdruck, sondern durch die Wortwahl, den Klang der Stimme, vielleicht mit Hilfe von Ironie. Die Formulierung »Ich bin etwas verärgert darüber, dass . . .« deutet in Norwegen schon auf eine ernsthafte Spannung hin, jedoch wird sie auf eine Weise vorgetragen, bei der das Gesicht des Gegenübers gewahrt bleibt.

Als Deutscher muss Herr Reimer nicht nur sehr genau hinhören, um diese sprachlichen Feinheiten und Zwischentöne wahrzunehmen, sondern auch lernen, sich ihrer selbst zu bedienen. Auf diese Weise zeigt er Understatement, führt sich nicht zu sehr als Chef auf, der seine Macht offen und laut zum Ausdruck bringt, und gewinnt so an Souveränität. Wenn Herr Reimer in Zukunft verhindern möchte, seine Mitarbeiter auf eine derartige Weise zu erschrecken, sollte er in einer ähnlichen Situation seinen Ärger zunächst unterdrücken. In einem Gespräch unter vier Augen kann er dann die Angelegenheit klären, ohne dass seine Kollegen Zeugen eines heftigen Streits werden müssen.

■ Beispiel 11: Der Klärungsversuch

■ Situation

Herr Mayer ist in leitender Position in einem norwegischen Krankenhaus tätig. Seine kleine Abteilung arbeitet eng mit einem anderen Team der Klinik zusammen. Eines Tages erfährt er durch Zufall, dass die Kollegen dieser Abteilung sich über sein Team und insbesondere seine deutsche Kollegin geärgert haben, die sich in ihren Augen völlig absonderlich verhalten hat. Mehr Details erfährt er jedoch nicht und so beschließt er, der Sache auf den Grund zu gehen. In einem offenen Gespräch möchte er erfahren, was konkret der Anstoß zum Ärger gewesen ist. Er teilt seinen Kollegen aus dem anderen Team diese Absicht mit und lädt alle zusammen zu diesem Zweck in sein Büro ein. Kurz vor dem geplanten Treffen erhält Herr Mayer jedoch eine Absage und man beschließt, die Besprechung zu verschieben. Nach einiger Zeit wird ein neuer Termin gefunden. Als Herr Mayer jedoch die Tagesordnung mit allen Themen erhält, über die die Kollegen gern sprechen möchten, ist er sehr verwundert: der ursprüngliche Grund für das Treffen, also die Unstimmigkeiten mit seiner Mitarbeiterin, wird nicht aufgeführt, stattdessen sind plötzlich andere Themen auf der Liste. Er fügt das fehlende Thema als Diskussionspunkt hinzu und sendet die Liste zurück an seine Kollegen. Daraufhin wird auch dieses Treffen abgesagt und nach einiger Zeit auch ein drittes. Herrn Mayer ist das Ganze völlig unverständlich:

Warum wollen seine Kollegen offensichtlich nicht über dieses Problem sprechen, schließlich beeinträchtigt es doch eine gute Beziehung, wenn man so etwas nicht direkt klärt?

– Lesen Sie nun die Antwortalternativen nacheinander durch.

– Bestimmen Sie den Erklärungswert jeder Antwortalternative für die gegebene Situation und kreuzen Sie ihn auf der darunter befindlichen Skala an. Es ist möglich, dass mehrere Antwortalternativen den gleichen Erklärungswert besitzen.

■ Deutungen

a) Die norwegischen Kollegen hatten sich zwar über das Verhalten der deutschen Kollegin beschwert, dann aber bei näherer Analyse feststellen müssen, dass sie schon seit einiger Zeit von mehreren norwegischen Kollegen gemobbt worden war und ihr Verhalten unter diesen Umständen durchaus Sinn machte. Deshalb möchten sie über die Angelegenheit nicht mehr sprechen.

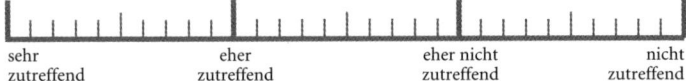

sehr zutreffend   eher zutreffend   eher nicht zutreffend   nicht zutreffend

b) Das Fehlverhalten der deutschen Kollegin war so gravierend und intime Bereiche der Persönlichkeit berührend, dass die norwegischen Kollegen wohl untereinander und mit ihrem norwegischen Vorgesetzten darüber sprachen, aber es ablehnten, mit dem deutschen Leiter im norwegischen Krankenhaus darüber zu sprechen, weil sie befürchten, dass er ihre Irritation überhaupt nicht verstehen kann.

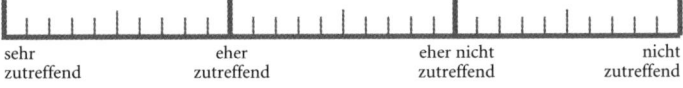

sehr zutreffend   eher zutreffend   eher nicht zutreffend   nicht zutreffend

c) Aus norwegischer Sicht hat sich die deutsche Kollegin zwar »idiotisch« verhalten und sie haben auch mit Interesse und einem gewissen Schmunzeln darüber untereinander gesprochen, doch halten sie den Vorgang für nicht so gravierend, dass darüber in einer offiziellen Sitzung mit ihrem Chef diskutiert werden soll. Eigentlich ist das Ganze aus ihrer Sicht eine Bagatelle, die nicht weiter der Rede wert ist.

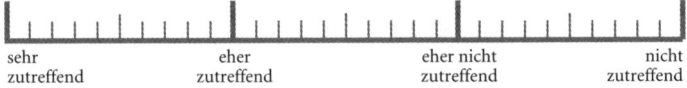

sehr zutreffend   eher zutreffend   eher nicht zutreffend   nicht zutreffend

d) Ein laut ausgesprochener Konflikt ist für Norweger viel schlimmer als ein verschwiegener. Deshalb weichen die norwegischen Kollegen den Klärungsversuchen aus, damit die Situation nicht unnötig eskaliert.

| sehr zutreffend | eher zutreffend | eher nicht zutreffend | nicht zutreffend |

- Versuchen Sie, Ihre Einstufung jeder Antwortalternative zu begründen. Halten Sie die Begründung in schriftlicher Form stichpunktartig fest.
- Lesen Sie nun die Erläuterungen zu jeder Antwortalternative durch und vergleichen diese mit Ihren eigenen Begründungen.

■ Bedeutungen

Erläuterung zu a):
Hätte es tatsächlich Mobbingvorfälle gegeben und die Kollegen plötzlich Verständnis für das Verhalten ihrer Kollegin entwickelt, hätten sie vermutlich mit Herrn Mayer darüber gesprochen, um alle Schwierigkeiten und Missverständnisse endgültig aus dem Weg zu räumen. Eine andere Deutung ist zutreffender.

Erläuterung zu b):
Irritationen über das Verhalten des Teams von Herrn Mayer und speziell seine deutsche Kollegin im Kontext der Arbeit in einem Krankenhaus können schon gravierend und womöglich nicht so einfach kommunizierbar sein. Es ist aber unwahrscheinlich, dass in einem solchen Fall kein Weg gefunden wird Herrn Mayer zu informieren. Auch folgt nicht zwangsläufig aus der Erzählung, dass die Kollegen mangelndes Verständnis seitens Herrn Mayers befürchten. Es wäre jedoch ungeachtet der erwarteten Reaktion des Gegenübers unwahrscheinlich, dass sie in größerer Runde über für sie konflikthafte und persönliche Dinge sprechen.

Erläuterung zu c):
Eine Bagatelle ist die Situation für die norwegischen Kollegen sicher nicht. Allerdings würden sie dem ersten Teil der Erklärung vermutlich zustimmen, nämlich, dass der Vorgang nicht so gravierend ist, um darüber in einer offiziellen Sitzung mit ihrem Chef zu diskutieren. Eine solche Situation vermeidet man wenn

irgend möglich. Warum das so ist, wird in einer anderen Deutung besser erklärt.

Erläuterung zu d):
Das wiederholte Verschieben der Treffen seitens der norwegischen Kollegen ist sicherlich kein Zufall. Offene Konfliktsituationen sind Norwegern unangenehm und man geht ihnen wenn irgend möglich aus dem Wege. Eine solch offene Aussprache wie Herr Mayer sie sich wünscht, wäre für alle anwesenden Norweger eine unvorstellbar peinliche Situation, die die von ihnen wahrgenommene Konfliktebene erheblich erhöhen würde. Das Problem würde somit für alle größer werden. Sich über jemanden ärgern und hinter seinem Rücken über ihn lästern ist das eine, die vorhandenen Unstimmigkeiten in die Öffentlichkeit zu tragen und im Beisein des gesamten Teams das Problem zu diskutieren, ist jedoch etwas anderes. Das würde die Gefahr bergen, dass der oder die Kritisierte das Gesicht verliert und eine weitere Zusammenarbeit dadurch unmöglich gemacht wird. Das möchte man vermeiden, geht deshalb der direkten Aussprache des Konfliktthemas aus dem Weg und begegnet sich in der Öffentlichkeit lieber weiterhin in scheinbarer Harmonie.

■ Lösungsstrategie

Herr Mayer, der als Vorgesetzter für eine produktive Arbeitsatmosphäre sorgen möchte, sieht im vorliegenden Fall nur einen Weg: das Problem zur Sprache bringen, die verschiedenen Standpunkte hören, dem Ärger Luft machen und für die Zukunft eine bessere Lösung zur Zusammenarbeit finden. Seine norwegischen Kollegen hingegen wollen eine solche offene Auseinandersetzung um jeden Preis verhindern. Denn diese würde das Problem für sie nicht lösen, sondern eher vergrößern und die Beziehung ernsthaft gefährden. Wenn Herr Mayer dies akzeptiert, wird auch verständlicher, warum seine Kollegen auf die beschriebene Weise reagieren. Sie haben andere Strategien für den Umgang mit solchen Konflikten entwickelt, jedoch finden diese nicht in der Öffentlichkeit statt. Man macht seinem Ärger unter Umständen lieber schriftlich Luft, ist aber hinterher im direkten Kontakt wieder freundlich. Nur so verhindert man, einander womöglich nicht mehr in die Augen sehen zu können. Vielen Deutschen fällt es schwer, das zu akzeptieren und ihr Verhalten darauf einzustellen. Sie fühlen sich machtlos mit dieser Nicht-Kommunikation, die auf sie mindestens so aggressiv wirkt wie direkte Worte in einem lauten Streit, und haben keine Chance, das Problem wirklich zu verstehen und Stellung dazu zu nehmen. Trotzdem wird Herr Mayer sich auf diese Verhaltensweise einstellen müssen und für die Zukunft verstehen, dass er mit seinen hartnäckigen Forderungen ein wenig zu schnell vorgeprescht ist. Damit verletzt er die Regeln des norwegischen Umgangs mit Harmonie. Er sollte zukünftig weniger fordernd vorgehen, wenn es um Konflikte geht, und versuchen ein Gespür dafür zu entwickeln, wie seine norwegischen Kollegen mit solchen Situationen umgehen. Im vorliegenden Fall könnte die betroffene Kollegin selbst mit den einzelnen Kollegen des anderen Teams in einem lockeren und nicht offiziellen Setting über die Angelegenheit sprechen, um die Ursache für die Verärgerung zu erfahren. Eine ehrliche Antwort wird sie aber vermutlich nur bekommen, wenn schon ein gewisses Vertrauensverhältnis aufgebaut wurde. Wäre eine Klärung ohne Gesichtsverlust einer der Anwesenden möglich, wäre dies natürlich die bessere Lösung, denn im Grunde sind die Aufklärungsversuche von Herrn Mayer sehr sinnvoll. Es besteht immer die Gefahr, dass sich der Konflikt durch ein solch vermeidendes Verhalten aufschaukelt und unnötig größer oder gar unlösbar wird. Viele Deutsche berichten, dass solche Unstimmigkeiten »im System bleiben« und nach ihrem Empfinden die Zusammenarbeit behindern. So spielen norwegische Kollegen möglicherweise auch nach Monaten noch mit einer Bemerkung auf eine alte Verärgerung an.

■ Hintergrundinformationen zu »Harmonieorientierung«

Ein harmonisches Miteinander ist in Norwegen von größter Bedeutung für die erfolgreiche Interaktion in der Gemeinschaft.

Das betrifft nicht nur den privaten Umgang miteinander, sondern in gleichem Maße das Verhalten im Arbeitsleben. Alles, was die Harmonie in der Gruppe stören könnte, wird demnach vermieden. Laut Marianne Gullestad, einer bekannten norwegischen Sozialanthropologin, sind »Ruhe und Frieden« sowie »lieb zu sein« zentrale Werte in der norwegischen Gesellschaft (Gullestad, 1989).

■ Zurückhaltendes Zeigen von Emotionen

In der norwegischen Kultur gilt ruhiges und kontrolliertes Verhalten als erstrebenswert und als Zeichen für eine ausgeglichene Persönlichkeit. Ausdrucksvolles Verhalten in Form von starkem Mienenspiel oder Gestikulieren gilt dahingegen als unangemessen, ebenso wie das extrovertierte und »laute« Zeigen von Emotionen (wie z. B. Ungeduld) in der Öffentlichkeit. Es wird als Zeichen persönlicher Schwäche interpretiert und schadet so dem Ansehen des Akteurs. Das betrifft sowohl temperamentvolle negative als auch positive Gefühlsausbrüche und extreme Begeisterung für etwas. Denn auch positive Überschwänglichkeit birgt die Gefahr eines Konfliktes, wenn man selbst nicht der gleichen Meinung ist. Diese emotionale Zurückhaltung zeigt sich schon in der alltäglichen Wortwahl. Man spricht nicht mit »großen Worten« und Begeisterung wie Ablehnung wird eher nüchtern geäußert. Dies zeigt sich auch im Umfang der Wörter: Man spricht lieber weniger als mehr, denn das könnte womöglich schon zu viel sein.

■ Vermeiden offener Konflikte und Kritik

Expliziten Konfliktsituationen wird wenn möglich ausgewichen, sie werden ignoriert, besänftigt oder man entzieht sich ihnen durch Aus-dem-Weg-Gehen. Eine gute zwischenmenschliche Beziehung erfährt mehr Wertschätzung als das kurzfristige Erlangen eines Vorteils. Eher übt man passiven Widerstand: Man unterlässt es Dinge zu tun, die einem nicht passen, lächelt und schweigt. Statt sich zum Beispiel über schlechten Service zu beschweren, wechselt man lieber den Anbieter. Ist ein Konflikt dennoch unausweichlich, wird er möglichst leise indirekt oder unter vier Augen ausgetragen. Denn ein Konflikt in der Öffentlichkeit würde die Harmonie der gesamten Gruppe beeinträchtigen und die steht in Norwegen stets im Vordergrund.

Die nicht vorhandene Trennung zwischen Sache und Person prägen auch das norwegische Verhältnis zur Kritik. Während man in Deutschland schnell konstruktive Kritik übt, die stets die Optimierung der Sache zum Ziel hat und nicht primär an die Person gerichtet ist, wird sie in Norwegen als persönlicher Angriff aufgefasst und kann als solcher schnell verletzend wirken. Deshalb wird sie in der Regel nur gegenüber Personen geäußert, zu denen eine vertraute Beziehung besteht. Wichtig ist in diesem Zusammenhang, dass Kritik gegenüber anderen in Norwegen grundsätzlich nie öffentlich geäußert wird, sondern stets nur in informellem Rahmen, am besten unter vier Augen. Nur so erhebt man sich mit der Kritik nicht über den anderen. Die direkte Konfrontation einer Person mit Kritik in der Öffentlichkeit, also zum Beispiel vor den Augen der Kollegen, bedeutet in Norwegen Ehrkränkung und Gesichtsverlust und versetzt den Kritisierten in eine sehr schwierige Lage. Die darauf folgende Reaktion kann Abwehr oder Schweigen sein und manchmal ist der einzige Ausweg sogar der stillschweigende Rückzug aus der Situation durch beispielsweise eine längere Krankmeldung oder die Kündigung.

■ Indirekter Kommunikationsstil

Norweger bedienen sich eines sehr indirekten, empfängerfokussierten Kommunikationsstils. In High-context-Kulturen ist der nicht verbal formulierte, interpretationsbedürftige Anteil einer Botschaft verglichen mit Low-context-Kulturen hoch. Offene und konfrontative Worte werden durch eine leise Kommunikation und subtilere Mechanismen ersetzt. Entscheidend ist in Norwegen, *wie* etwas gesagt wird. Mit Hilfe von Ironie oder durch Zwischentöne lässt sich Kritik so subtil formulieren, dass sie nur durch sensible Wahrnehmung im Kontext erkennbar ist. Diese subtilen Mitteilungen werden unabhängig von ihrem Sachinhalt erfasst, da es eine große Bandbreite allgemein verstandener non-verbaler Signale gibt. So können ein Zögern, die Intonation oder der Gesichtsausdruck deutlich darauf hinweisen, was wirklich gemeint ist. Dies kann dazu führen, dass der den Deutschen vertraute Schwellenwert für die Wahrnehmung von Kritik unterschritten wird (vgl. Schmid, 2003) und die feinen, bedeutungstragenden Nuancen überhört werden.

Auch die spezifische Erwähnung oder Betonung einer Sache kann eine versteckte Kritik bedeuten. Oft wird sie in Form einer Frage formuliert: »Könnte es nicht auch interessant sein ...?« Oder sie wird in Watte verpackt ausgesprochen, indem zunächst etwas Positives erwähnt, dann die Kritik in Form eines Verbesserungsvorschlags formuliert und anschließend mit einem Lob geschlossen wird. Die häufige Verwendung von sich selbst zurücknehmenden, subjektiven Formulierungen wie »Ich irre mich wahrscheinlich, aber ich frage mich trotzdem, ob ...« ist kein Zeichen von Unsicherheit, sondern dient dazu, die Person nicht vor den Kopf zu stoßen. Im Vergleich dazu wird die deutsche Art, die eigene Meinung als Feststellung zu äußern, als konfrontativ und arrogant wahrgenommen.

Die deutsche Direktheit interpersonaler Kommunikation mit dem starken Bedürfnis nach Wahrhaftigkeit steht hier im Gegensatz zu einem indirekteren und auf Harmonie ausgerichteten Kommunikationsstil. Für Deutsche steht über allem die »Sache«, sie ist »der Dreh- und Angelpunkt ihres Tuns«. Diese Priorität führt dazu, dass ihr Kommunikationsstil leicht als rücksichtslos und unhöflich aufgefasst wird und eine Bedrohung der Harmonie und daraus resultierend eine Störung der Funktionsfähigkeit der Gruppe darstellt. Die direkten Forderungen deutscher Geschäftspartner können auf Norweger sehr aufdringlich wirken. Ihnen ist jedoch die eindeutige Ablehnung eines Wunsches oder eines Verbesserungsvorschlages oft zu direkt, denn man möchte die Harmonie zwischen den Interaktionspartnern nicht gefährden. Anstelle eines deutlichen »Nein« wird deshalb oft zunächst zugestimmt. Auch ein »Vielleicht« kann ein verdecktes »Nein« bedeuten. Je größer die Gefahr, dass eine direkte Ablehnung für das Gegenüber peinlich und somit die Gefahr für einen Gesichtsverlust gegeben wäre, desto weniger klar wird man ihm gegenüber sein. In der schriftlichen Kommunikation fällt es Norwegern hingegen leichter, sich direkt auch kritisch zu äußern. Denn so vermeidet man den offenen Konflikt und kann bei einer persönlichen Begegnung so tun, als wäre nichts gewesen. Bevor dies geschieht, wird eine Klärung jedoch wenn möglich zunächst über den mündlichen Kontakt herbeizuführen versucht. Einen kritischen Sachverhalt in schriftlicher Form zu kommunizieren deutet hingegen auf eine höhere Konfliktebene hin, als dies in Deutschland der Fall wäre.

■ Verdeckte Aggression

Die Tatsache, dass man seine Mitmenschen nicht so heftig kritisiert oder direkt mit Problemen konfrontiert, bedeutet natürlich nicht, dass bei Norwegern entsprechende Gefühle nicht aufkommen. So wird Kritik, da sie nicht direkt geäußert werden kann, oft hinter dem Rücken des anderen deutlich ausgesprochen. Konflikte werden zwar nicht offen ausgetragen, aber auch nicht vergessen. Statt mit offener Zurechtweisung wird mit verdeckter Aggression reagiert. »Über der Wasseroberfläche« ist scheinbar alles in Ordnung, während das Gegenüber in Wirklichkeit auf eine Möglichkeit wartet, es dem anderen heimzuzahlen. Dies kann auch noch nach Monaten, wenn die Gelegenheit günstig ist, erfolgen. Die Verärgerung über inakzeptables Verhalten kann zum Beispiel durch Verschweigen wichtiger Informationen, Ausgrenzung oder Nichtbeachtung der Person zum Ausdruck gebracht werden.

■ Kulturelle Verankerung von »Harmonieorientierung

Norwegen war immer eine sehr kleine Gesellschaft. Die Bevölkerung Deutschlands war in den letzten zweihundert Jahren etwa zwanzig- bis fünfundzwanzigmal so groß wie die Norwegens (Meyer, 2001b) und dies bei einer fast identischen Grundfläche. Neben der dünnen Besiedelung war Norwegen bis in das

20. Jahrhundert hinein ein sehr armes, vorindustrielles Land mit schwierigen klimatischen Bedingungen, das von Landwirtschaft und Fischerei abhängig war. Zwischen den Mitgliedern bestand ein hoher Grad an gegenseitiger Abhängigkeit. Es war entscheidend, ob der Einzelne in der dörflichen Gemeinde auf die Hilfe seiner Mitmenschen zählen konnte und man konnte nicht wählen, mit wem man kommunizieren wollte. Diese Abhängigkeit von der Gemeinschaft führte dazu, dass ein Kommunikationsstil gefunden werden musste, der die soziale Harmonie sicherstellt und der später zur Ideologie wurde. Aufreibende Konflikte und Situationen, die zu Schwierigkeiten in der Zusammenarbeit oder zu einem Bruch führen konnten, wurden vermieden oder nur auf vorsichtige oder indirekte Weise geäußert, so dass die notwendige äußere Harmonie bewahrt blieb. Sich dadurch möglicherweise aufstauende Aggression konnte nur verdeckt geäußert werden. Die Wahrung guter zwischenmenschlicher Beziehungen stand im Vordergrund, um sich weiterhin gegenseitige Verpflichtung und Unterstützung zu sichern.

Der Wunsch nach Schlichtung mit Hilfe eines harmonischen Gespräches anstelle eines formellen Konflikts (»å komme til enighet i minnelighet«) zeigte sich auch schon früh in der Einrichtung einer staatlichen Schiedsgerichtsbarkeit (»Forliksrådet«). Dieser wurde Ende des 18. Jahrhunderts, neben pragmatischen Gründen, mit dem Ziel eingeführt, als erste Instanz im norwegischen Rechtssystem zivilrechtliche Angelegenheiten anzuhören und wenn möglich eine friedliche Schlichtung herbeizuführen. Der »Forliksrådet« besteht bis heute aus gewählten Repräsentanten, die keine Juristen sind und die als objektive Außenstehende mit den Parteien zu einer für alle akzeptablen Lösung zu kommen versuchen, bevor ein formeller Rechtsstreit in Gang gesetzt wird. Dieser wiederum wird »als ein besonders rabiater Schritt empfunden, der nahezu einer persönlichen Kriegserklärung gleichkommt« (Uecker, 2001, S. 139).

Der vorsichtige Umgang mit Emotionen und Kritik könnte noch einen weiteren Ursprung haben. Die in Norwegen verbreitete stark pietistisch-kalvinistische Geisteshaltung brachte eine Forderung nach der »Beherrschung der Gefühle« (Rothholz, 1986, S. 68) und übertrug dem Individuum neben dem Gefühl der eigenen Bedeutsamkeit auch ein hohes Maß an persönlicher Verantwortung ohne die Möglichkeit der entlastenden Beichte. Dieser hohe Anspruch an den Einzelnen erschwert auch den Umgang mit Kritik.

Die Dichte, nahezu exklusiv familiäre Kommunikation, die das norwegische Siedlungsleben kennzeichnete (Werler, 2004), die periphere, von äußeren Einflüssen lange Zeit abgeschottete Lage der Halbinseln sowie die Stabilität, die das Land kennzeichnet, können als Gründe für den indirekten Kommunikationsstil herangezogen werden. Laut Demorgon und Molz (1996) ist dies ein Kennzeichen homogener Kulturräume, denn je stärker und länger in einem Land eine religiöse, politische, wirtschaftliche und sprachliche Homogenität vorzufinden ist, desto impliziter und kontextbezogener wird der vorherrschende Kommunikationsstil sein.

■ Themenbereich 5:
Konsensorientierung

■ Beispiel 12: Møte, Møte und nochmal Møte

■ Situation

Frau Steiger arbeitet seit zwei Jahren in Ålesund. Sie ist verwundert darüber, für was in ihrer Firma alles Besprechungen (»Møte«) abgehalten werden. Viele Dinge, die ihrer Meinung nach auch die Führungskraft einfach hätte beschließen können, werden in Meetings langwierig gemeinsam besprochen und jedem Einzelnen die Möglichkeit gegeben, seine Meinung zu äußern. Trotzdem wird am Ende fast immer eine Entscheidung vom Chef getroffen, die sich mit seiner deckt, auch wenn diese dann natürlich nicht unbedingt allen gefällt. Trotzdem wird sie von allen akzeptiert. Frau Steiger versteht nicht, wozu man den Entscheidungsprozess durch diese Besprechungen unnötig verlängert, wenn es das Endergebnis dann doch nicht verändert? Ihrer Meinung nach bringen diese Meetings keinen Nutzen und sie empfindet sie manchmal geradezu als scheinheilig. So erlebt sie täglich, dass sie jemanden telefonisch erreichen möchte und vertröstet wird, da die Person leider gerade wieder einmal in einer Besprechung sei.

– Lesen Sie nun die Antwortalternativen nacheinander durch.
– Bestimmen Sie den Erklärungswert jeder Antwortalternative für die gegebene Situation und kreuzen Sie ihn auf der darunter befindlichen Skala an. Es ist möglich, dass mehrere Antwortalternativen den gleichen Erklärungswert besitzen.

■ Deutungen

a) In Norwegen wird nicht so streng zwischen Privatheit und Arbeit getrennt. Norweger lieben es, sich auch in ihrer Arbeitszeit über private Dinge auszutauschen und das so intensiv wie möglich. Die Arbeitsleistung steht dabei nicht im Vordergrund.

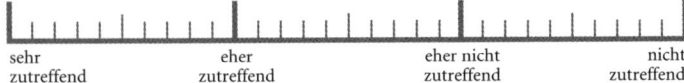

sehr zutreffend   eher zutreffend   eher nicht zutreffend   nicht zutreffend

b) Norwegische Führungskräfte nutzen ausgedehnte Besprechungen, um ihren Rang und ihre Position zu stärken. Solange sie vor ihren Mitarbeitern ihre Meinung und ihr Sachwissen ausbreiten können, fühlen sie sich als Chefs und die Ansichten ihrer Mitarbeiter dienen ihnen als Basis zur Qualitätsbeurteilung ihres Abteilungspersonals. Insofern erfüllen die Besprechungen zwei wichtige Funktionen im betrieblichen Alltag.

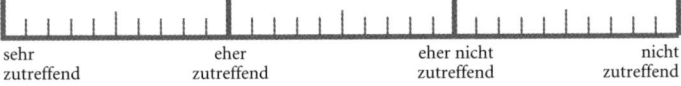

sehr zutreffend   eher zutreffend   eher nicht zutreffend   nicht zutreffend

c) Die norwegischen Führungskräfte von Frau Steiger möchten ihre Mitarbeiter in den Entscheidungsfindungsprozess inkludieren und einen Konsens finden. Deshalb werden diese Besprechungen abgehalten, die jedem die Möglichkeit geben, seine eigene Meinung zu äußern, auch wenn es am Schluss dann oft der Vorgesetzte ist, der den endgültigen Entschluss fasst.

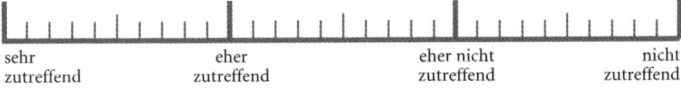

sehr zutreffend   eher zutreffend   eher nicht zutreffend   nicht zutreffend

d) Führungskräfte sind in Norwegen traditionell entscheidungsschwach. Sie haben Angst vor Kritik und möchten sich deshalb so weit wie möglich in ausgedehnten Besprechungen absichern, bevor sie eine verbindliche Entscheidung fällen.

sehr zutreffend   eher zutreffend   eher nicht zutreffend   nicht zutreffend

- Versuchen Sie, Ihre Einstufung jeder Antwortalternative zu begründen. Halten Sie die Begründung in schriftlicher Form stichpunktartig fest.
- Lesen Sie nun die Erläuterungen zu jeder Antwortalternative durch und vergleichen diese mit Ihren eigenen Begründungen.

■ Bedeutungen

Erläuterung zu a):

Es stimmt tatsächlich, dass in Norwegen nicht auf gleiche Weise wie in Deutschland zwischen Arbeit und Privatleben getrennt wird (siehe Themenbereich 6 »Gleichwertigkeit von Arbeit und Privatleben«), sondern man im Kontakt mit Kollegen immer auch den privaten Menschen kennen lernen möchte. Das hat zur Folge, dass man sich in der gemeinsamen Mittagspause gern über Freizeitthemen unterhält und auch in Besprechungen möglicherweise das ein oder andere private Thema angeschnitten wird. Allerdings scheinen es in der vorliegenden Situationsbeschreibung ja durchaus arbeitsrelevante Themen zu sein, die in den Sitzungen besprochen werden. Allerdings hält Frau Steiger den Zeitaufwand nicht für sinnvoll, da ihrer Meinung nach am Ende ja doch irgendwie der Chef entscheidet. Warum wird so vorgegangen?

Erläuterung zu b):

Diese Alternative kann mit an Sicherheit grenzender Wahrscheinlichkeit ausgeschlossen werden. Wie schon in Themenbereich 1 »Soziale Gleichheit« dargestellt, wird in Norwegen ein sehr egalitärer Umgang gepflegt, Hierarchiegefälle werden nicht sichtbar gemacht, Unterschiede eher heruntergespielt als betont. Wer dies nicht beachtet, schwächt seine Position eher, als dass er sie stärkt. Einen guten Vorgesetzten zeichnet aus, sich bescheiden und als Teil der Gruppe zu zeigen und die Meinung der Mitarbeiter anzuhören, anstatt mit seinem Sachwissen zu prahlen. Nur so kann er später eine Entscheidung für die Gruppe fällen. Aber dazu mehr in der nächsten Erläuterung.

Erläuterung zu c):

Diese Antwort erklärt die Situation sehr gut. In Norwegen ist es äußerst wichtig, alle an Beschlüssen teilhaben zu lassen. Jeder hat die Gelegenheit, im Prozess der Entscheidungsfindung zu partizipieren und seine persönliche Meinung oder seine Bedenken zu äußern. »Si din mening« heißt dies auf Norwegisch: »Sag deine Meinung!« Ziel ist es, am Ende die Zustimmung aller zur getroffenen Entscheidung zu erhalten. Für die Herstellung dieses Konsens werden auch gern mehrere langwierige Besprechungen in Kauf genommen. Und auch wenn es letztendlich dann doch der Chef ist, der die Entscheidung trifft, ist dieser Prozess der Inklusion aller in Norwegen sehr wichtig. Die Entscheidung erhält über diesen Prozess ihre Legitimität. Der Einzelne empfindet auf diese Weise seine Anteilhabe (»eierskap«) am gefassten Beschluss und wird sich, auch wenn er vielleicht selbst anderer Meinung war, mit großer Wahrscheinlichkeit loyal dazu verhalten.

Erläuterung zu d):
Entscheidungsschwach sind norwegische Führungskräfte sicher nicht, jedoch ist der Entscheidungsfindungsprozess in Norwegen ein anderer, als Frau Steiger ihn aus Deutschland kennt. Sie möchten sich tatsächlich absichern, allerdings scheuen sie keine Kritik, sondern geben ihren Mitarbeitern in den Besprechungen bewusst die Möglichkeit, die eigene Meinung und gegebenenfalls auch Kritik am zu entscheidenden Thema zu äußern. Warum ist dies so wichtig?

■ Lösungsstrategie

Frau Steiger versteht nicht, warum viele Dinge so ausführlich in diversen Teamsitzungen mit allen besprochen werden, wenn sie am Ende dann doch von der Führungskraft entschieden werden. Entweder man diskutiert gemeinsam und fällt am Ende eine Mehrheitsentscheidung oder der Entscheidungsträger trifft seinen Beschluss von vornherein selbst. Aber erst gefragt werden in einem scheinbar demokratischen Prozess und dann wird's am Ende doch anders gemacht – Frau Steiger fühlt sich veräppelt. Noch nicht einmal Kritik an der Entscheidung darf sie im Nachhinein üben, denn schließlich durfte sie ja mitdiskutieren

Für die norwegischen Kollegen ist dieses Vorgehen sehr wichtig, denn hierüber wird die Inklusion aller in den Entscheidungsprozess erreicht. Alle sollen gehört werden, ihre Meinung und Kritik einbringen können und so an der Beschlussfassung teilnehmen. Ziel ist es, am Ende einen Konsens zu finden. Hier ist es jedoch wichtig, eine Unterscheidung vorzunehmen: Konsens bedeutet in diesem Zusammenhang nicht, dass alle Beteiligten am Ende einer Meinung sind und die gefundene Lösung für die beste halten, sondern dass alle ihre Zustimmung zur Entscheidung geben. Frau Steiger hat den Eindruck, dass die Inklusion aller Mitarbeiter nur »zum Schein« passiert und die Entscheidung schließlich unabhängig von den vorangegangenen Diskussionen von der Führungskraft getroffen wird. Was sie noch nicht erkannt hat ist, dass die Meinung des Einzelnen insofern Gewicht hat, dass der Chef keine Entscheidung treffen wird, die ganz und gar gegen den Willen der Gruppenmitglieder ausfällt. In einer angenehmen Atmosphäre der Kooperation, in der jeder – unabhängig von seiner Kompetenz oder seiner hierarchischen Position – seine Stimme einbringen kann, prüft er die Konsensfähigkeit möglicher Entscheidungen und erhält durch die vielen Äußerungen und Ideen womöglich konstruktive Vorschläge, die ihm helfen, auf der Sachebene eine angemessene Entscheidung zu fällen. Dieses Vorgehen mag zwar im Vergleich zur deutschen Mehrheitsentscheidung viel Zeit kosten, hat aber auch einen großen Vorteil, den viele deutsche Führungskräfte zu schätzen wissen: Durch diesen Prozess der Legitimierung kann der verantwortliche Entscheidungsträger sich sicher sein, dass der Beschluss von der gesamten Gruppe mitgetragen wird, ein Gefühl gemeinsamer Verantwortung dafür entsteht und gleichzeitig eventuelle spätere Kritik von vornherein delegitimiert wird. Die Umsetzung verläuft deshalb reibungsloser, da alle Mitarbeiter hinter der Lösung stehen und sie mit hohem Engagement verwirklichen.

Frau Steiger ist zu raten, die häufigen Besprechungen zu akzeptieren ebenso wie die Tatsache, dass man in Norwegen für Entscheidungsprozesse viel Zeit einplanen muss. Sie sollte die Gelegenheit nutzen, im Vorfeld der Beschlussfassung in Meetings oder auch in informellen Gespräch mit den Beteiligten ihre Meinung deutlich zu machen, um den Entscheidungsprozess zu beeinflussen.

Beispiel 13: Die kurzfristige Investitionsentscheidung

Situation

Herr Eder ist seit mehreren Jahren in leitender Position in einem internationalen Unternehmen in Oslo tätig. Eines Tages hat er die Möglichkeit, eine in seinen Augen für die Firma vielversprechende Akquisition im Ausland zu tätigen. Die Entscheidung drängt jedoch, er hat nur zwei Wochen Zeit für eine Antwort. Er beruft ein Meeting ein und präsentiert begeistert seinen Vorschlag. Nach seiner Präsentation beginnt eine Diskussion und es werden Gegenargumente genannt und Bedenken geäußert. Obwohl Herr Eder diese nicht für wirklich relevant hält und sie seiner Meinung nach mit guten Argumenten entkräften kann, gelingt es ihm nicht, seine Kollegen zu überzeugen. In der ihm verbleibenden kurzen Zeit hat er nicht die Möglichkeit, ein weiteres Meeting einzuberufen, zu dem alle erscheinen könnten. Er gibt sein Vorhaben resigniert auf. Einige Wochen später erfährt er, dass ein Konkurrenzunternehmen dieses Geschäft kurze Zeit später abgeschlossen hat. Er kann nicht nachvollziehen, warum seine Kollegen seinem vielversprechenden Investitionsvorhaben gegenüber so skeptisch waren und warum es immer so lange dauert, alle von einer Idee zu überzeugen.

– Lesen Sie nun die Antwortalternativen nacheinander durch.
– Bestimmen Sie den Erklärungswert jeder Antwortalternative für die gegebene Situation und kreuzen Sie ihn auf der darunter befindlichen Skala an. Es ist möglich, dass mehrere Antwortalternativen den gleichen Erklärungswert besitzen.

Deutungen

a) Herr Eder mag ein qualifizierter Manager mit einem feinen Gespür für das Geschäft sein, aber in seiner egomanen, ungestümen Art fällt er den Kollegen auf den Wecker. Wenn er von einem Deal überzeugt ist, will er mit dem Kopf durch die

Wand und es hat nur noch seine Meinung zu gelten. Die Konsultation der Kollegen hat für ihn nur formale Bedeutung, aber eine solche Behandlung lassen sich Norweger nicht gefallen.

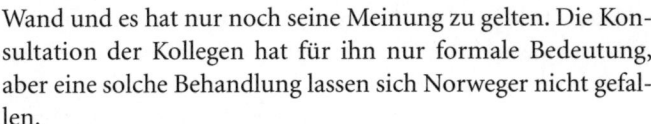

| sehr zutreffend | eher zutreffend | eher nicht zutreffend | nicht zutreffend |

b) Herr Eder hat die Sache falsch angefangen. Er hat seine Kollegen nicht schon mit ins Boot geholt, bevor er die offizielle Beschlussfassung treffen wollte.

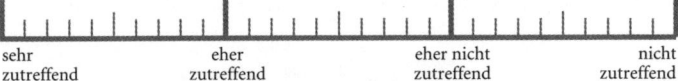

| sehr zutreffend | eher zutreffend | eher nicht zutreffend | nicht zutreffend |

c) Herr Eder hat sich mal wieder zu viel in zu kurzer Zeit vorgenommen. Eine Investition im Ausland muss gut überlegt sein. Die Daten müssen stimmen und alle sind mit ins Boot zu holen, da sonst das Risiko zu hoch ist. Norweger sind von Natur aus bedächtig und handeln nach dem Motto: Lieber kein Geschäft als eines, das in zu kurzer Zeit entschieden und deshalb zu wenig durchdacht und nicht ausreichend auf seine Konsequenzen hin diskutiert werden konnte.

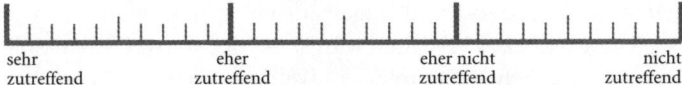

| sehr zutreffend | eher zutreffend | eher nicht zutreffend | nicht zutreffend |

d) Herr Eder hat offensichtlich, wie der Ereignisablauf zeigt, ein gutes Gespür für das Geschäft. Er nimmt nur seine Kollegen nicht ernst. Ihre Bedenken und Gegenargumente sind für ihn nicht wichtig. Er versucht sie argumentativ zu entkräften, um eine positive Entscheidung in kurzer Zeit herbeizuführen. Nicht nur für Norweger ist eine solche Herabwürdigung der fachlichen Kompetenz der Kollegen, die für das Projekt mit verantwortlich sind, nicht akzeptabel. Herr Eder hat mit seinem Verhalten die Ablehnung geradezu provoziert.

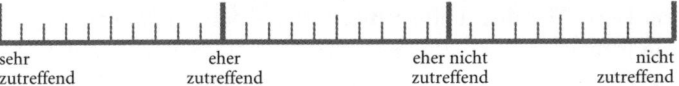

| sehr zutreffend | eher zutreffend | eher nicht zutreffend | nicht zutreffend |

- Versuchen Sie, Ihre Einstufung jeder Antwortalternative zu begründen. Halten Sie die Begründung in schriftlicher Form stichpunktartig fest.
- Lesen Sie nun die Erläuterungen zu jeder Antwortalternative durch und vergleichen diese mit Ihren eigenen Begründungen.

■ Bedeutungen

Erläuterung zu a):
Wegen ihrer direkten Art werden Deutsche von Norwegern nicht selten als anmaßend und ungestüm wahrgenommen. Ein wie oben beschriebenes Verhalten würde von den norwegischen Kollegen tatsächlich nicht toleriert werden. Da Herr Eder aber scheinbar schon seit vielen Jahren erfolgreich eine Führungsposition innehat, hat er sicherlich mehr Sensibilität bewiesen, als in dieser Deutung unterstellt wird.

Erläuterung zu b):
Herr Eder hat nicht berücksichtigt, dass solche Entscheidungen in Norwegen immer zunächst informell und in kleinerem Kreise ohne Entscheidungsdruck diskutiert werden und reifen müssen, bevor sie im offiziellen Meeting abgesegnet werden. Stattdessen hat Herr Eder direkt einen Besprechungstermin anberaumt, um die Idee all seinen Kollegen offiziell zu präsentieren und gleich darauf gemeinsam eine Entscheidung zu treffen. Damit hat er es versäumt, die Gruppe früh genug in den Prozess einzubeziehen. So fehlt seinen norwegischen Kollegen zum einen das Gefühl der Teilhabe (»eierskap«) am Projekt und zum anderen Zeit, sich mit der Idee auseinanderzusetzen und die Fakten selbst zu prüfen. In einem solchen Fall wird die Umsetzung des Vorschlags in der Regel am Widerstand der norwegischen Kollegen scheitern.

Erläuterung zu c):
Jede Investition will natürlich gut überlegt sein. Allerdings gelten Norweger nicht als so außerordentlich risikoscheu, wie hier unterstellt wird: In einer bekannten Fragebogenuntersuchung von Geert Hofstede in den 1970er Jahren wird Norwegen in der Dimension *Unsicherheitsvermeidung,* also der Frage, inwieweit eine

Gesellschaft sich durch unvorhersehbare oder unbekannte Situationen bedroht fühlt und diese Unsicherheit dementsprechend vermeidet oder toleriert, risikofreudiger eingestuft als Deutschland. Herr Eder scheint ja auch alles gründlich durchdacht und analysiert zu haben und dass ein Konkurrenzunternehmen das Geschäft kurz darauf abschließt, zeigt ja, dass es sich vermutlich wirklich um eine interessante Investition handelte. Dennoch kann er seine Kollegen bei der Präsentation seiner Überlegungen trotz sachlich guter Argumente nicht überzeugen. Warum?

Erläuterung zu d):
Ob Herr Eder mit seinem Verhalten in der Besprechung tatsächlich die Ablehnung provoziert hat, geht aus der Schilderung nicht hervor. Das egalitäre Ideal fordert vom Einzelnen, sich als Gleicher unter Gleichen zu verhalten und seinen Wissensvorsprung zu dem angedachten Projekt nicht zu offensichtlich auszuspielen. Es wäre also wichtig, den Bedenken der Kollegen trotz der fundierten Gegenargumente ausreichend Raum zu geben. Aber dies ist hier nicht der entscheidende Faktor. Herr Eder hat offensichtlich etwas Wichtiges versäumt.

■ Lösungsstrategie

Herr Eder hat eine interessante Investitionsmöglichkeit für seine Firma aufgetan. Er ist seit langem in der Branche tätig und überzeugt, dass es sich um ein gutes Angebot handelt, weiß aber auch, dass schnell gehandelt werden muss. Deshalb lädt er sofort alle an der Entscheidung beteiligten Kollegen zu einer Besprechung ein. Er erhofft sich Begeisterung für seine Idee und Anerkennung für die Arbeit, die er sich in Verbindung mit der Recherche im Vorfeld gemacht hat. Die Fakten sprechen für seinen Vorschlag und so rechnet er mit Zustimmung. Umso überraschter ist er, dass er seine Kollegen trotz intensiver Bemühungen nicht überzeugen kann. Was hat er falsch gemacht? Herr Eder hat die Initiative als Einzelner durchgeführt und wollte sich dann nur noch schnell die Zustimmung nach der »Friss-oder-stirb-Methode« einholen. Damit hat er sich zu sehr in den Vordergrund der Gemeinschaft gestellt und ist damit auf Ablehnung bei seinen Kollegen gestoßen, die vermutlich gedacht haben: Was denkt er, wer er ist? In Norwegen muss man die Gruppe nicht nur in den Entscheidungsprozess, sondern auch in den Prozess der Ideenfindung und Meinungsbildung einbeziehen. So kann die Idee aus dem Kollektiv heraus geboren werden.

Was genau hätte Herr Eder tun können? Die Situation ist insofern schwierig, dass er innerhalb relativ kurzer Zeit die Zustimmung seiner Kollegen benötigt. Im vorangegangenen Beispiel wurde beschrieben, dass Entscheidungsprozesse in Norwegen aufgrund des Konsensprozesses länger dauern. Ob ein Beschluss in so kurzer Zeit möglich gewesen wäre, wissen wir nicht, aber auf jeden Fall sollte Herr Eder in seinem Vorgehen eine andere Reihenfolge beachten: Derartige Entscheidungen sollten in Norwegen behutsam und geduldig vorbereitet werden, indem zu Beginn in informellen Zweiergesprächen mit den Kollegen zunächst die Idee beiläufig erwähnt wird, Meinungen der Gesprächspartner sondiert und die eigene Meinung vorsichtig geäußert wird und eigene Gegenvorschläge diplomatisch entwickelt werden. So können Bedenken ausgeräumt und Überzeugungsarbeit geleistet werden. So wird allen Beteiligten das Gefühl gegeben, dass es eine Kollektividee ist und der eine oder andere wird den Vorschlag womöglich aufgreifen. Das formelle Meeting im Anschluss hat dann nur noch absegnenden Charakter.

Deutsche erleben diesen Prozess häufig als zeitraubend und wenig effizient, da der Vorschlag erst lange zirkulieren muss, bevor eine Entscheidung gefasst wird. Außerdem ist das Vorgehen schwierig, da es viel Fingerspitzengefühl und die Tatsache voraussetzt, dass man an der Sache und nicht am persönlichen Einfluss interessiert ist. Herr Eder sollte dieses Vorgehen jedoch auf jeden Fall akzeptieren, denn nur so wird er seine Ideen bei Bedarf schnell umsetzen können. Hat man nämlich so wie er im obigen Beispiel einmal falsch angefangen und den Weg der gemeinsamen Ideenentwicklung und Konsensbildung umgangen, ist es ganz schwer, im Nachhinein Akzeptanz zu bekommen. Für Deutsche besonders überraschend ist die Tatsache, dass dies unabhängig von der Qualität des Projektes der Fall ist, sachliche Argumente und innovative Ideen zählen dann nicht mehr. Herr Eder wird mit der Zeit aber sicherlich erfahren, das norwegische Entscheidungsprozesse

durchaus auch schnell vonstatten gehen können. Geht man nämlich richtig vor, weiß, mit wem man sprechen muss, und setzt seine
Netzwerke erfolgreich ein, kann man schnell und pragmatisch eine
mündliche Zusage von den entscheidenden Leuten erhalten und
auf Grundlage dieser weiter planen.

■ Beispiel 14: Entscheidungswege

■ Situation

Herr Seger wohnt mit seiner Familie in einem größeren Häuser-
block in Bergen und ist der Schriftführer der Hauseigentümergemeinschaft. Er erzählt:»Als es neulich in der Hauseigentümerversammlung einen Konflikt gab, machte plötzlich keiner mehr den
Mund auf, alle saßen nur da und schwiegen sich an und dann wurde das Thema aufs nächste Mal vertagt. Aber sowie das Meeting zu
Ende war, haben sich die Mitglieder in einzelnen Grüppchen zu-
sammengetan, für mich sah es aus, als würden sie Allianzen bilden,
um genau das zu diskutieren, was eigentlich in der Besprechung
hätte diskutiert werden sollen. Und als ich dann in die nächste
Besprechung kam, waren die Fakten schon geschaffen.« Herr Seger
ist furchtbar frustriert, denn er versteht nicht, wieso man die Kon-
fliktthemen nicht im offiziellen Meeting ausdiskutieren kann, so
dass alle gemeinsam zu einer Lösung kommen.

– Lesen Sie nun die Antwortalternativen nacheinander durch.
– Bestimmen Sie den Erklärungswert jeder Antwortalternative
  für die gegebene Situation und kreuzen Sie ihn auf der darunter befindlichen Skala an. Es ist möglich, dass mehrere Antwortalternativen den gleichen Erklärungswert besitzen.

■ Deutungen

a) Norweger sind sehr stolz auf ihre Nation und Kultur und ganz
   besonders auf ihre Friedfertigkeit. Konflikte darf es da nicht
   geben. Sie werden, falls sie wirklich einmal entstehen, ignoriert
   und verschwiegen. Hier sind alle irgendwie peinlich berührt

und flüchten zur Diskussion in vertraute Gruppen, so kann nichts Negatives nach außen dringen.

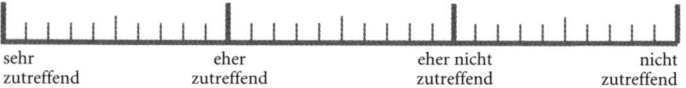

sehr zutreffend   eher zutreffend   eher nicht zutreffend   nicht zutreffend

b) Die Mitglieder der Hauseigentümergemeinschaft möchten verhindern, dass die konfliktbehafteten Themen in einem formalen öffentlichen Zusammenhang ausgetragen werden. Stattdessen tasten sie sich lieber in einem informellen Kontext und kleinerer Runde vorsichtig an einen Konsens heran.

sehr zutreffend   eher zutreffend   eher nicht zutreffend   nicht zutreffend

c) Herr Seger ist zwar in der Hauseigentümergemeinschaft anerkannt, sonst wäre er sicher nicht Schriftführer geworden, aber er ist und bleibt ein Ausländer, also ein Fremder. Norweger sind Fremden gegenüber eher ablehnend und zum Teil feindlich gesinnt. So wichtige Dinge, wie sie auf einer Mieterversammlung behandelt werden, wollen Norweger nicht vor Fremden erörtern. Sie nutzen dann die Gruppendiskussion außerhalb der Versammlung, um untereinander und ungestört Vereinbarungen zu treffen.

sehr zutreffend   eher zutreffend   eher nicht zutreffend   nicht zutreffend

d) Aus Sicht von Herrn Seger ist ein Konflikt entstanden, dem die Mitbewohner aus dem Wege gehen, anstatt ihn zu lösen. Für die Norweger ist überhaupt kein Konflikt vorhanden. In der Hauseigentümerversammlung zeichneten sich unterschiedliche Ansichten ab und so lag es nahe, die Thematik in unterschiedlichen Gruppen ausführlich zu diskutieren, bevor sie wieder in der nächsten Sitzung zur Sprache kommt. So kann Fachwissen akkumuliert werden und es wird Zeit zum gründlichen Nachdenken genommen. Herr Seger ist noch nicht lange genug in Norwegen, um Konflikte wirklich als solche identifizieren zu können.

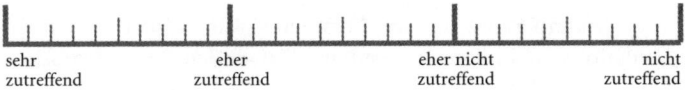

sehr zutreffend	eher zutreffend	eher nicht zutreffend	nicht zutreffend

- Versuchen Sie, Ihre Einstufung jeder Antwortalternative zu begründen. Halten Sie die Begründung in schriftlicher Form stichpunktartig fest.
- Lesen Sie nun die Erläuterungen zu jeder Antwortalternative durch und vergleichen diese mit Ihren eigenen Begründungen.

■ Bedeutungen

Erläuterung zu a):
Stolz auf ihr Land und ihre Kultur sind die Norweger, das kann man nicht zuletzt jedes Jahr am 17. Mai, dem norwegischen Nationalfeiertag, beobachten. Auch ein harmonisches Miteinander und Friedfertigkeit sind Attribute, mit denen die Norweger sich gern und – wie ein Blick auf die Geschichte zeigt – auch zu Recht identifizieren (siehe hierzu das Kapitel »Überblick über die norwegische Geschichte«). Im Themenbereich 4 wurde dargestellt, dass Konflikte in Norwegen nicht so offen wie in Deutschland ausgetragen werden, was sich auch im vorliegenden Beispiel zeigt. Herr Seger wundert sich jedoch nicht darüber, dass man diese ignoriert, sondern dass die konflikthaften Themen zwar gelöst werden, aber eben nicht in der offiziellen Versammlung. Der Kern scheint hier also etwas anderes zu sein.

Erläuterung zu b):
In Norwegen ist der Konsens stets das erklärte Endziel. So auch für die Mitglieder der Hauseigentümerversammlung. Zeichnet sich ein Konflikt in Form stark abweichender Meinungen ab, wird dieser lieber in aller Stille ausgetragen. Der Wechsel in einen weniger öffentlichen und formellen Kontext außerhalb der offiziellen Versammlung lässt den Konflikt kleiner erscheinen. Auf diese Weise umgehen die norwegischen Versammlungsteilnehmer sichtbare Uneinigkeit in der Öffentlichkeit und können in kleinerer Runde, in der man sich sicher fühlt, vorsichtig die Mei-

nung der anderen eruieren, diskutieren und Schritt für Schritt einen Konsens bilden. In der darauffolgenden Sitzung braucht diese inoffiziell abgestimmte Entscheidung dann nur noch abgenickt zu werden.

Erläuterung zu c):
Dass Norweger Fremden gegenüber feindlich gesinnt sind, stimmt so sicherlich nicht. Allerdings sind sie zunächst zurückhaltend und tragen ihr Herz nicht auf der Zunge (siehe hierzu auch Themenbereich 3 »Gruppenorientierung«). Dass Herr Seger zum Schriftführer der Hauseigentümergemeinschaft gewählt worden ist, zeigt jedoch, dass er ein akzeptiertes Mitglied der Mietergemeinschaft und nicht mehr nur ein Fremder ist. Wenn die Nachbarn einige Themen außerhalb der Versammlung besprechen, hat das vermutlich nichts mit Herrn Seger zu tun. Generell vermeiden es Norweger, in großen Versammlungen zu sprechen und vor allen anderen Kritik und Ablehnung zu äußern.

Erläuterung zu d):
Da Herr Seger für sein Ehrenamt Norwegisch können muss, ist er vermutlich schon eine Weile in Norwegen und wird daher schon ganz richtig eingeschätzt haben, dass es sich in den genannten Beispielen um Konflikte handelte. Norweger haben ein ausgeprägtes Harmoniebedürfnis (siehe Themenbereich 4 »Harmonieorientierung«) und diskutieren nicht gern in einer kontroversen Weise. Sind stark unterschiedliche Positionen in der Gruppe vorhanden, wird die Diskussion in die Kleingruppe verlagert, allerdings hat diese weniger mit der Akkumulation von Fachwissen oder Gewinnung von Zeit zu tun.

■ Lösungsstrategie

Herr Seger ist es aus Deutschland gewöhnt, dass alle wesentlichen Diskussionen und daraus folgende Entscheidungen im offiziellen Meeting stattfinden. Sind die Ansichten der Anwesenden zu einem Thema konträr, werden diese so lange kontrovers diskutiert, bis man zu einem Ergebnis kommt. Er empfindet das Verhalten der norwegischen Versammlungsmitglieder als konfliktunfähig und ist irritiert über die »Kungelei«, die im Anschluss an die Treffen einsetzt. Resultat dieser Verhaltensweise ist seiner Meinung nach eine hohe Intransparenz im Entscheidungsprozess, aus dem er sich selbst ausgeschlossen fühlt.

Norweger mögen im Vergleich zu Deutschen keine offenen, hitzigen Diskussionen, sind leiser und harmoniefokussierter. Bei konfliktreichen Themen vermeiden sie unter allen Umständen die offene Auseinandersetzung. In informellen Gesprächen werden stattdessen die einzelnen Meinungen eingeholt mit dem Ziel, einen gemeinsamen Standpunkt zu finden.

So passiert es auch in den geschilderten Hauseigentümerversammlungen. In den Sitzungen wird zu den Themen geschwiegen und nach Beendigung des offiziellen Teils beginnt in der Halle der Austausch mit denen, die man besonders gut kennt: »Und, was denkst du?« In diesem veränderten Setting können die norwegischen Mitglieder ihre Meinung klar und direkt äußern und ohne Zeitdruck nach einer Einigung suchen. Gleichzeitig verhindern sie, dass es am Ende Gewinner und Verlierer gibt und jemand sein Gesicht verliert, denn niemand muss seine Meinung in aller Öffentlichkeit präsentieren, bevor er nicht weiß, »wo er steht«. Kristallisiert sich in diesen informellen Gesprächen eine deutliche Mehrheit für eine Meinung heraus, werden die übrigen sich im nächsten offiziellen Treffen fügen, denn keiner möchte ohne Aussicht auf Erfolg Uneinigkeit oder gar einen Konflikt herbeiführen. Außerdem kann die heutige Zustimmung gegen die eigene Überzeugung einem morgen die Flexibilität anderer Mitglieder bei einem eigenen Anliegen bringen. Diese stille Übereinkunft interpretiert Herr Seger als heimlich geschaffene Fakten und fühlt sich vom Entscheidungsfindungsprozess ausgeschlossen.

Herr Seger sollte versuchen, gute Beziehungen zu den Mitgliedern der Hauseigentümergemeinschaft aufzubauen und ebenfalls an diesen informellen Gesprächen teilzunehmen oder auch das Einzelgespräch suchen. Dann wird er schnell merken, dass auch er am Entscheidungsprozess teilhaben kann, sobald er den richtigen Kontext wählt.

■ Hintergrundinformationen zu »Konsensorientierung«

Entscheidungen werden in Norwegen im Konsensverfahren mit dem Ziel der Zustimmung aller getroffen. Durch Inklusion und Teilhabe der einzelnen Gruppenmitglieder werden die Entscheidungen legitimiert und Loyalität geschaffen. Versäumt man es, die Gruppe einzubeziehen, wird die Umsetzung eines Vorschlags in der Regel am Widerstand der Mitarbeiter scheitern. Die hohe Personenorientierung, egalitäre Betriebstrukturen sowie ein ausgeprägtes Harmoniebedürfnis haben einen starken Einfluss auf Entscheidungsfindungsprozesse. Die norwegische Verhandlungskultur ist in ihren Grundzügen sehr konsensorientiert und das Ideal des Konsenses prägt auch den norwegischen Führungsstil. Sowohl in der öffentlichen Verwaltung als auch in privatwirtschaftlichen Unternehmen gibt es ein übergeordnetes Ziel: Man muss sich einig sein und zu einer gemeinsamen Lösung finden. Das führt dazu, dass Entscheidungsprozesse womöglich sehr lange dauern. Darüber hinaus gibt es in Norwegen wenig Toleranz für Beschlüsse, zu denen stark gegensätzliche Meinung vorhanden sind. In so einem Fall trifft man lieber keine Entscheidung.

■ Inklusion

Die sehr egalitäre Struktur und die Tatsache, dass jeder sich seines Wertes als Einzelner bewusst ist, fordert eine Teilhabe aller am Entscheidungsprozess. Das gesamte Team wird in die Beschlussfassung einbezogen. Jedem Mitarbeiter wird die Wertschätzung entgegengebracht, gehört zu werden und seine potenziell wertvollen Anregungen und Meinungen einzubringen; und der einzelne Mitarbeiter fordert dieses Recht auch ein. Die Diskussionskultur ist im Vergleich zu Deutschland geprägt von einem harmonischeren und gleichberechtigteren Kommunikationsstil, Meinungen und Argumente werden geduldig angehört und wertgeschätzt. Idealerweise soll auf diese Weise jeder die endgültige Entscheidung beeinflussen können. Doch in erster Linie geht es darum, dem Mitarbeiter das Gefühl zu vermitteln, ernst genommen und einbezogen zu werden und weniger darum, einen aus deutscher Sicht wirklich offenen Entscheidungsfindungsprozess herbeizuführen.

Darüber hinaus fordert die hohe Konformität innerhalb der Gruppe sowie das Bescheidenheitsideal vom Einzelnen, sich nicht zu sehr aus der Gruppe herauszuheben oder von ihren Normen abzuweichen, um nicht ausgeschlossen zu werden. Mit dem Einbringen eines Vorschlags geht man stets die Gefahr ein, sich zu sehr in den Vordergrund zu stellen und möglicherweise auch von der Gruppenmeinung abzuweichen. Dies gilt gleichermaßen für den Mitarbeiter wie für die Führungskraft. Um einen Vorschlag einzubringen, bedarf es daher einer behutsamen Vorgehensweise. Das bedeutet, dass zunächst ein Meinungsbildungsprozess im Kollektiv in Gang gesetzt werden muss. Die Einführung von Ideen muss kommunikativ über die Gemeinschaft hin erfolgen, um deren Teilhabe (»eierskap«) an der Idee zu erreichen.

▪ Entscheidungsverhalten

In Deutschland finden Entscheidungsfindungsprozesse in der Regel auf der formellen, offiziellen Ebene statt, das heißt in Besprechungen und mit Protokollen sowie Informationsverteilungssystemen (Schroll-Machl, 2003). Die verschiedenen Meinungen werden in einer offenen Debatte kontrovers ausdiskutiert. In Norwegen nähert man sich demgegenüber potenziell konflikthaften Situationen auf der informellen Ebene und im kleineren Kreis. In informellen Vorgesprächen gilt es, sich zunächst ein Meinungsbild zu verschaffen und die Konsensfähigkeit des eigenen Vorschlags oder der eigenen Vorstellungen abzutasten. Durch vorsichtiges Einbringen der eigenen Meinung können in diesem informellen Rahmen Überzeugungsarbeit geleistet und bestehende Interessenskonflikte ausgeglichen werden. So hat der Einzelne ohne die Gefahr der persönlichen Blamage ausreichend Zeit zum Diskutieren. Mit Hilfe von Vorgesprächen können konflikthafte Situationen im anschließenden offiziellen Meeting verhindert werden. Diese informellen Gespräche vor und auch zwischen den offiziellen Besprechungen sind oftmals wichtiger als die Besprechungen selbst. Deutsche Führungskräfte sind deshalb oft verwundert, warum sich in einer Teambesprechung kaum jemand zu einem neu vorgetragenen Vorschlag äußert.

Im offiziellen Meeting hat nun jeder Einzelne die Gelegenheit, seine Meinung vor der Gruppe zu äußern. Dieser Prozess hat eine hohe Bedeutung, denn er schafft Legitimität für die Entscheidung. Davon abgesehen dient das offizielle Meeting meist nur noch dem Absegnen vorher im informellen Rahmen gefasster Beschlüsse.

Merkt man als Einzelner, dass sich eine Mehrheit abzeichnet, hört man auf, dagegen zu argumentieren, damit sich ein Konsens bilden kann. Denn es geht weniger darum, seine eigene Meinung durchzusetzen oder die hundertprozentig beste Lösung für die Sache herauszuarbeiten, als in einer harmonischen Atmosphäre einen für die Gruppe tragbaren Kompromiss zu finden. Der angestrebte Konsens bezieht sich also nicht notwendigerweise auf die tatsächliche Einigkeit, sondern lediglich auf die offizielle Zustimmung der Teammitglieder. Erst wenn dies geschehen ist, kann eine Entscheidung getroffen werden. Der Führungskraft kommt hierbei eine Mediatorrolle zu. Sie muss das Gruppenempfinden legitimieren und eine Entscheidung verkünden, die idealerweise den unterschiedlichen Positionen Rechnung trägt und der jeder Einzelne zustimmen kann, ohne sein Gesicht zu verlieren. Ist ein Konsens nicht möglich, werden die konflikthaften Themen in der Regel vertagt oder ausgeklammert, denn das kontroverse Ausdiskutieren kommt einer offenen Auseinandersetzung gleich und bedroht die Harmonie der Gruppe (siehe Themenbereich 4 »Harmonieorientierung«). Die konflikthaften Inhalte werden in informellen Gesprächen außerhalb des offiziellen Meetings später wieder aufgenommen.

Jeder an einer Entscheidung beteiligte Mitarbeiter besitzt ein Vetorecht, mit dem er sich gegen die Entscheidung und somit gegen das Erreichen eines Konsenses stellen kann. Er wird jedoch stets abwägen, wie wichtig die Durchsetzung der eigenen Meinung für ihn selbst bzw. für die anderen Gruppenmitglieder ist. Stellt er sich aus einer Minderheitsposition heraus dagegen, verliert er den »goodwill« des Initiators und stellt sich gegen die Harmonie der Gruppe. Gibt er seine Zustimmung und macht gleichzeitig deutlich, dass es sich dabei um ein Zugeständnis handelt, kann er bei einer späteren Abstimmung mit der Loyalität des Kollegen rechnen. So ergibt sich eine wechselseitige Abhängigkeit durch gegenseitige Gefälligkeiten. Das Streben nach Transparenz und Wahrhaftigkeit erschwert es den Deutschen, hiermit zurechtzukommen.

Dieser Prozess der Konsensbildung in der Gruppe ist zeitintensiv, schafft aber eine hohe Verbindlichkeit und Loyalität für die abgesegnete Entscheidung. Hat man einmal die Zustimmung der Gruppenmitglieder erhalten, kann man sich ihrer Unterstützung, Motivation und Mitverantwortung sicher sein, und dies unabhängig davon, wie uneinig sie sich waren. Gleichzeitig bedeutet diese kollektive Entscheidungsfindung natürlich auch, dass nach einem Misserfolg eine anschließende Fehleranalyse im deutschen Sinne mit dem Aufdecken einzelner Schuldiger nicht möglich ist, da es – zumindest nach außen – eine kollektive Verantwortung gibt und die Loyalität der Gruppenmitglieder untereinander stark ist. Zur Verantwortung gezogen werden in einem solchen Fall wenn überhaupt nur Personen der obersten Hierarchiestufe, und zwar unter Wahrung des Gesichts in einem informellen Rahmen.

Hat man jedoch, wie dies vielen deutschen Führungskräften zunächst widerfährt, das Konsensprinzip verletzt und das Team nicht in den Prozess einbezogen, wird man keinerlei Loyalität erhalten und muss mit starken Widerständen rechnen. Autoritäre Chefentscheidungen, die man ohne Zustimmung in der Gruppe einfach durchsetzt, werden nicht akzeptiert, und zwar unabhängig davon, wie unumstritten gut die vorgeschlagene Idee ist. Wird der Weg falsch gewählt und damit die Gruppe falsch behandelt, geht die gute Sache verloren. Während man bei einer gemeinsamen Entscheidung ein im Sinne der flachen Hierarchien hohes Maß an aktivem, eigenverantwortlichem Handeln im Geiste der Entscheidung erwarten kann, ist bei einer Entscheidung im Alleingang passiver Widerstand vorprogrammiert. Man lässt den Entscheidungsträger »an die Wand fahren« und dies, im Sinne des harmonischen Miteinanders, mit einem zufriedenen Lächeln. Genau diese Hintergründe und Folgen werden von vielen deutschen Fach- und Führungskräften in Norwegen nicht oder zu spät erkannt.

■ Kulturelle Verankerung von »Konsensorientierung«

Die starke egalitäre sowie basisdemokratische Tradition Norwegens hat schon vielfach Erwähnung gefunden. Lafferty (1981) geht davon aus, dass die norwegische Art am Konsens orientierter und integrierter Entscheidungsfindung vermutlich auf einer historisch-kulturellen Tradition gemeinschaftsorientierter Gleichheit basiert, die eine kooperative Verfolgung von Gemeinschaftsinteressen anstelle der Durchsetzung von Partikularinteressen zum Ziel hat.

Die Abhängigkeit von Hilfe und Unterstützung aller in einer ärmlichen Bauern- und Fischerkultur erklärt die Notwendigkeit, Entscheidungen auf eine Art und Weise zu treffen, durch die die Harmonie in der Gruppe gewahrt bleibt. Aus den verhältnismäßig freien und egalitären Verhältnissen erwuchs ein individuelles Selbstbewusstsein (Meyer, 2001c). Jeder Einzelne war wichtig und wurde einbezogen und gehört. Man brauchte die Zustimmung aller, denn nur so konnte man größtmögliche Loyalität schaffen und später auf eine aktive Unterstützung im Sinne der Entscheidung bauen, denn passiver Widerstand oder Sabotage durch die Gruppenmitglieder konnte in der vormodernen Gesellschaft schnell lebensbedrohlich sein. In Norwegen wurden schon zu Zeiten der Wikinger die Bauern in den Staatsapparat einbezogen. Der König stützte sich in hohem Maße auf Allianzen mit den Bauern in den verschiedenen Teilen des Landes. In einer frühen Version der späteren Wehrpflicht waren die Bauern an der Landesverteidigung beteiligt: Jeder Hof war verpflichtet, Soldaten zu stellen.

Da der Adel in Norwegen nie zahlenmäßig stark oder mächtig genug war, um die Bauern als politische Kraft zu verdrängen, konnten sich auch keine absolutistischen Machtstrukturen herausbilden. Herrschaft war nur über Einigkeit möglich. Die Könige des Mittelalters mussten durch die Bauern im so genannten »Tinget«, einer gesetzgebenden und gesetzsprechenden Versammlung, die in jeder Region Norwegens lokalisiert war, vorsprechen und gutgeheißen werden (»bli hyllet på tinget«). Hier zeigt sich gleichzeitig das tief verankerte Selbstbewusstsein der

Bevölkerung auch peripherer Gebiete Norwegens, das bis heute evident ist. Die norwegischen Könige des Mittelalters erhielten Legitimität nur dann, wenn sie die Zustimmung der Bevölkerung in allen Teilen des Landes erhalten hatten. Könige, die sich nicht um regionale Oppositionen kümmerten, hatten oft nur eine kurze Überlebensdauer (Jenssen et al., 1996).

Bis heute steht das Ideal des pragmatischen Konsenses und Ausgleichs daher hoch im Kurs, sowohl in Betrieben als auch in der Politik, in der es in hohem Maße Koalitions- und Minderheitenregierungen gab und gibt. Nach dem Zweiten Weltkrieg ging der Konsens bezüglich des Wiederaufbaus des Landes so weit, dass die konservativ-liberalen und die liberalen Kräfte selbst einer partiellen Planwirtschaft zustimmten.

Laut einer in den 1980er Jahren entwickelten Typologie eines Politikwissenschaftlers ist Norwegen im Vergleich zu anderen fortgeschrittenen Industrienationen ein stark korporatistisches Land (Schmidt, 1980). Ein solches zeichnet sich aus durch eine gut entwickelte Zusammenarbeit zwischen Staat, Arbeitgeberorganisationen und Gewerkschaften (Allardt, 1988). Diese Zusammenarbeit »gründet sich auf eine Ideologie gemeinsamer Interessen und nimmt fast die Form eines Gesellschaftervertrages an« (Allardt, 1988, S. 227). Solche Bündnisse für Arbeit zwischen den drei Parteien sind in Norwegen seit vielen Jahrzehnten die Regel.

Nachteil des hohen Konsensideals war und ist bisweilen die Langwierigkeit von Entscheidungsprozessen. So wurde beispielsweise die Planung eines neuen Zentralflughafens in Oslo in der zweiten Hälfte der 1950er Jahre begonnen, eröffnet wurde er schließlich im Jahre 1998.

Plannerer

■ Themenbereich 6: Gleichwertigkeit von Arbeit und Privatleben

■ Beispiel 15: Woher kommst du?

■ Situation

Herr Heinz ist als selbstständiger Berater in Oslo tätig. Er erhält eine Einladung zu einer privaten Feier eines norwegischen Bekannten. Im Laufe des Abends unterhält er sich mit vielen der norwegischen Gäste. Am Ende fällt ihm auf, dass ihn im Verlauf des ganzen Abends keiner nach seinem Beruf gefragt hat und auch niemand ein Wort über die eigene berufliche Tätigkeit verloren hat. Stattdessen unterhielten sich die Gäste neben Gesprächen über Fischfang, das Wetter oder Freizeitaktivitäten meist darüber, aus welcher Region Norwegens sie kommen, und versuchten dies aufgrund des jeweiligen Dialektes gegenseitig zu erraten. Herr Heinz ist verwundert darüber. Für ihn ist die Frage nach dem beruflichen Hintergrund viel interessanter und aufschlussreicher als die Tatsache, aus welchem Teil des Landes der Gesprächspartner stammt.

Warum waren wohl die Gesprächsthemen unter den norwegischen Partygästen so, wie Herr Heinz es erlebt hat?

– Lesen Sie nun die Antwortalternativen nacheinander durch.
– Bestimmen Sie den Erklärungswert jeder Antwortalternative für die gegebene Situation und kreuzen Sie ihn auf der darunter befindlichen Skala an. Es ist möglich, dass mehrere Antwortalternativen den gleichen Erklärungswert besitzen.

■ Deutungen

a) Um einen anderen Menschen zu kennen, ist für Norweger nicht der Beruf das wichtigste und daher auch nicht zwingend Thema, denn Arbeit nimmt im Leben der Norweger einen etwas anderen Stellenwert ein als in Deutschland.

sehr zutreffend	eher zutreffend	eher nicht zutreffend	nicht zutreffend

b) Die norwegischen Gäste haben Herrn Heinz zwar nicht nach seiner beruflichen Tätigkeit gefragt, sich aber vorher erkundigt und wissen, dass er als selbstständiger Berater tätig ist. Deshalb sind sie vorsichtig und zurückhaltend mit Diskussionen über ihre beruflichen Tätigkeiten.

sehr zutreffend	eher zutreffend	eher nicht zutreffend	nicht zutreffend

c) In Norwegen dienen solche Einladungen dazu, Netzwerkmanagement zu betreiben, das heißt bestehende Kontakte zu festigen und neue Beziehungen herzustellen. Da Herr Heinz noch nicht lange in Norwegen ist, wird er besonders als Deutscher nicht so schnell in die bestehenden Netzwerke hineingenommen. Durch unverbindliche Gespräche über die regionale Herkunft vermeiden es die norwegischen Gäste, ihm als Ausländer ihre Netzwerkbeziehungen zu öffnen.

sehr zutreffend	eher zutreffend	eher nicht zutreffend	nicht zutreffend

d) Nach der beruflichen Tätigkeit zu fragen, ist in Norwegen ein ähnlich starkes Tabu wie in Deutschland nach der Einkommenshöhe zu fragen. Deshalb wird darüber nicht gesprochen.

sehr zutreffend	eher zutreffend	eher nicht zutreffend	nicht zutreffend

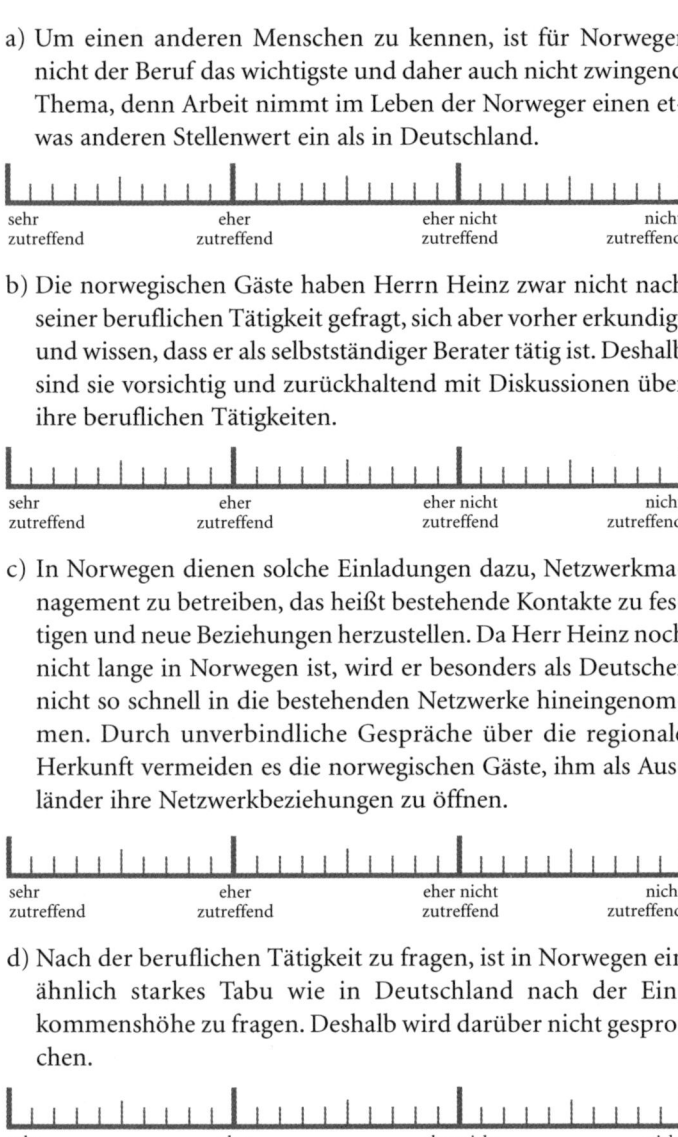

- Versuchen Sie, Ihre Einstufung jeder Antwortalternative zu begründen. Halten Sie die Begründung in schriftlicher Form stichpunktartig fest.
- Lesen Sie nun die Erläuterungen zu jeder Antwortalternative durch und vergleichen diese mit Ihren eigenen Begründungen.

■ Bedeutungen

Erläuterung zu a):

Wenn auch die generelle Tatsache, einen Beruf auszuüben, für Norweger wichtig ist, kommt der konkret ausgeübten Tätigkeit im Vergleich zu Deutschland nicht die gleiche Bedeutung für die persönliche Identität zu. Norweger identifizieren sich gleichermaßen über ihre Rolle als Privatperson. Das berufliche und das private Leben stehen als zwei gleichberechtigte und gleich wichtige Teile nebeneinander. Um einen Menschen kennen zu lernen, egal ob man geschäftlich oder privat mit ihm verkehren möchte, muss man daher auf jeden Fall den privaten Menschen kennen lernen. Was interessiert ihn, wie verbringt er seine Freizeit und insbesondere auch: woher (aus welchem Land oder welcher Region Norwegens) kommt er? In Norwegen gibt es bedeutsame regionale Unterschiede und eine starke regionale Identität, so dass die geographische Herkunft oft an gewisse Einschätzungen gekoppelt ist und einem sofort ein gewisses Bild von seinem Gegenüber aus Trøndelag, Sunnmøre oder Østlandet vermittelt. Hinzu kommt in diesem Beispiel, dass man in Oslo »Zugereiste« aus ganz Norwegen trifft, die viel Wert auf ihre Wurzeln legen und stolz darauf sind. Das alles bedeutet jedoch nicht, dass man sich in Norwegen nicht durchaus auch intensiv über seinen Beruf austauschen kann, jedoch ist dies abhängig von der Situation und dem jeweiligen Gegenüber und generell weniger üblich als in Deutschland.

Erläuterung zu b):

Dies Alternative ist denkbar im Falle, dass die anderen Gäste selber beruflich in einer ganz anderen Richtung tätig sind, mit dem Berufsfeld des Beraters nicht vertraut sind und deshalb dieses

Gesprächsthema meiden. So umgehen sie die peinliche Situation, nicht zu wissen, welche Fragen sie Herrn Heinz zu seinem Beruf stellen sollen. Das wäre aber in Deutschland vermutlich genauso. Das wesentliche Motiv ist hiermit noch nicht erläutert.

Erläuterung zu c):

Eine solche Einladung dient in Norwegen nicht grundsätzlich dem Netzwerkmanagement. Es handelt sich ja im obigen Beispiel um eine private Feier und so kann es gut sein, dass der norwegische Bekannte von Herrn Heinz einfach nur seine Freunde zu einem gemütlichen Zusammensein eingeladen hat und seinen neuen Bekannten aus Deutschland dazubittet. Es ist aber auf der anderen Seite auch denkbar, dass das Knüpfen geschäftlicher Kontakte ein Nebeneffekt oder sogar das verborgene Hauptanliegen der Feierlichkeit war, insbesondere wenn viele der eingeladenen Gäste vielleicht zufällig in der gleichen Branche tätig sind. Es wäre ebenfalls durchaus denkbar, dass die Norweger Herrn Heinz gegenüber zunächst ein wenig zurückhaltend sind, denn für einen Außenstehenden bzw. einen Ausländer ist die Aufnahme in bestehende Netzwerke in Norwegen nicht einfach. Angenommen dies wäre der Fall, erklärt das jedoch die Situation nicht, denn es lässt sich aus dem Verhalten der anwesenden norwegischen Gäste keine Verschlossenheit ablesen. Diese tun aus norwegischer Sicht im Grunde nichts anderes als Netzwerkmanagement. Denn »networken« heißt, sei es für berufliche Zwecke oder nur zum privaten Vergnügen, eine Beziehung aufzubauen. Das bedeutet in Norwegen zunächst, den privaten Menschen kennen zu lernen. Nur weil sie über Privates sprechen, anstatt ihn nach seinem beruflichen Wirken zu fragen, machen die norwegischen Gäste folglich nicht deutlich, dass sie Herrn Heinz ihre Netzwerkbeziehungen nicht öffnen möchten.

Erläuterung zu d):

Es ist in Norwegen kein Tabu, nach der beruflichen Tätigkeit zu fragen. Allerdings kann es manchmal bewusst vermieden werden, denn wie schon erwähnt legen Norweger großen Wert darauf, sich nicht durch ihre Leistungen hervorzutun, und dazu gehört auch, dass Unterschiede im beruflichen und sozialen Status und der

Ausbildung nicht hervorgehoben werden. Ist man sich also bezüglich des Status seines Gegenübers nicht sicher, wird man vermutlich einen anderen, unverfänglichen Gesprächseinstieg wählen, bei dem man sich auf jeden Fall in gleicher Augenhöhe unterhalten kann und zu dem jeder etwas beitragen kann. Dann kann man wenn gewünscht im Laufe des Gesprächs immer noch vorsichtig und indirekt etwas über die berufliche Tätigkeit erfahren.

■ Lösungsstrategie

Auf der Feier seines Bekannten trifft Herr Heinz auf eine Menge unbekannter Menschen, die er gern kennen lernen möchte. Aus Deutschland ist er es gewohnt, dass zu Beginn eines Gesprächs zunächst der Beruf erwähnt wird, der ja einen wichtigen Teil der persönlichen Identität und oft ein wichtiges Statussymbol darstellt. Dies ist dann meist ein guter Einstieg, denn so kann man das Gegenüber besser einordnen und von dieser Grundlage aus weiter fragen, sich vielleicht über die eigenen Tätigkeiten, Erfahrungen oder Arbeitgeber austauschen. In Deutschland ist dies also ein typisches und erfolgversprechendes Thema, um miteinander ins Gespräch zu kommen.

In Norwegen ist die berufliche Tätigkeit kein so zentraler Kern der persönlichen Identität und dadurch oft nicht zwingend Thema zwischen Menschen, die sich in einem anderen Kontext kennen lernen. In einer Freizeitsituation wie beispielsweise bei einer privaten Abendeinladung, wo die Gäste unterschiedliche Berufe und Positionen haben, gilt das Arbeitsleben eher als ein ungeeignetes Thema. Zum einen, weil nicht alle mitreden können, und zum anderen, weil es eventuell hierarchische Unterschiede gibt, die man nicht noch extra hervorheben möchte. In diesem Zusammenhang muss man sich vor Augen führen, dass die deutsche Gesellschaft im Vergleich zur norwegischen segregierter ist, während sich in Norwegen durch eine längere gemeinsame Schulzeit und ein sehr aktives Vereinsleben häufiger als in Deutschland Freundschaften unabhängig von Bildungsstand und beruflicher Position entwickeln. Die Frage nach Freizeitaktivitäten oder nach der regionalen Herkunft kann von allen beantwortet werden, bietet viel Gesprächsstoff und vermittelt einem Norweger einen besseren Eindruck von seinem Gegenüber als die Frage nach der Tätigkeit. Bei einer kleinen Nation wie Norwegen stößt man im Gespräch auch immer schnell auf gemeinsame Bekannte oder Verwandte, woraus sich wieder neue Gesprächsthemen ergeben.

Herr Heinz ist über dieses Verhalten ein wenig enttäuscht, er spricht gern über seinen Beruf und findet es interessant, etwas über die Tätigkeiten anderer zu erfahren. Damit geht es ihm wie vielen anderen Deutschen. So berichten zum Beispiel viele, dass beim Lunch, der gemeinsamen Mittagspause mit den Kollegen, in der Regel ausschließlich über private Themen gesprochen wird, während der Deutsche sich gern über Fachliches austauschen und gemeinsam diskutieren würde.

Herr Heinz hat sich aber im beschriebenen Beispiel im Grunde ganz richtig verhalten, denn anscheinend hat er abgewartet, die anwesenden norwegischen Gäste beobachtet und sich auf sie eingestellt. Hätte er hingegen hartnäckig auf die Thematisierung des Arbeitslebens bestanden und vielleicht ausführliche Monologe über die eigene Tätigkeit und Erfolgsgeschichte gehalten, wären die norwegischen Gäste nicht nur überrascht gewesen. Sie hätten dies vermutlich als Prahlerei aufgefasst und ihn als überidentifiziert mit der Arbeit wahrgenommen. Möchte Herr Heinz im privaten Kontext über Berufliches sprechen, sollte er lieber zunächst nur kurz etwas dazu erwähnen und abwarten, ob das Gegenüber das Thema aufgreift oder nicht. Was er aber nicht außer Acht lassen darf, ist, dass es in Norwegen zum Beziehungsaufbau stets wichtig ist, den privaten Menschen kennen zu lernen.

■ Beispiel 16: Die Kinder warten

■ Situation

Herr Lange arbeitet in leitender Position in einem Industrieunternehmen in Oslo. Eines Tages sitzt er in einer wichtigen Verhandlung mit der Geschäftsleitung, zu der eigens einige Berater und Banker für zwei Tage eingeflogen sind, da unter Zeitdruck ein wichtiger Vertrag abgeschlossen werden soll. Der Tag verläuft hektisch, aber effizient. Um 15.30 Uhr hebt der Chef Herr Solheim jedoch plötzlich das Meeting mit der Begründung auf, dass er jetzt gehen müsse, um seine Kinder vom Kindergarten abzuholen. Daraufhin wird der Terminplan ein wenig umgebaut, Aufgaben verteilt oder auf den nächsten Morgen verschoben. Dann ist das Meeting für diesen Tag beendet. Herr Lange ist fassungslos: Man kann doch nicht in einer so »heißen Phase« eine wichtige Besprechung am frühen Nachmittag beenden und seine wichtigen Geschäftspartner, die extra für dieses Treffen eingeflogen wurden, zurücklassen mit der Begründung, jetzt sei Familienzeit. Er empfindet das als mangelnde Wertschätzung und ist der Meinung, dass man in einer solchen Position die Prioritäten anders zu setzen habe, indem man vorher dafür sorgt, dass beispielsweise seine Frau die Kinder vom Kindergarten abholt.

– Lesen Sie nun die Antwortalternativen nacheinander durch.
– Bestimmen Sie den Erklärungswert jeder Antwortalternative für die gegebene Situation und kreuzen Sie ihn auf der darunter befindlichen Skala an. Es ist möglich, dass mehrere Antwortalternativen den gleichen Erklärungswert besitzen.

■ Deutungen

a) Herr Solheim hat plötzlich entdeckt, dass im Vertrag noch Änderungen vorgenommen werden müssen. Um ohne Gesichtsverlust eine ausreichende Nachbesprechungszeit herausschlagen zu können, nutzt er die angebliche Familienzeit als Vorwand, die Beschlussfassung auf den nächsten Tag zu verschieben.

| sehr | eher | eher nicht | nicht |
| zutreffend | zutreffend | zutreffend | zutreffend |

b) Das ist ein für Herrn Solheim typisches Verhalten. Alle im Betrieb wissen, dass er unter einem gewaltigen familiären Druck steht, weil seine Frau auch in verantwortlicher Position arbeitet und mit ihm einen festgelegten und strikt einzuhaltenden Kinderbetreuungsplan vereinbart hat.

| sehr | eher | eher nicht | nicht |
| zutreffend | zutreffend | zutreffend | zutreffend |

c) Herr Lange hat die Verhandlungslage falsch eingeschätzt, da er die Verhandlungspartner nicht gut genug kennt und wohl auch sprachlich einiges nicht mitbekommen hat. So »heiß«, wie er die Verhandlungsphase einschätzt, war sie gar nicht. Herr Solheim wollte auch den anderen Verhandlungspartnern eine Verschnaufpause bis zum nächsten Tag gönnen.

| sehr | eher | eher nicht | nicht |
| zutreffend | zutreffend | zutreffend | zutreffend |

d) In Norwegen kommt dem Privat- und Familienleben eine hohe Bedeutung zu. Im beruflichen Alltag gibt es keine Angelegenheiten, die wichtiger sein könnten als die Erledigung familiärer Verpflichtungen, besonders wenn es um die Betreuung von Kindern geht.

| sehr | eher | eher nicht | nicht |
| zutreffend | zutreffend | zutreffend | zutreffend |

– Versuchen Sie, Ihre Einstufung jeder Antwortalternative zu begründen. Halten Sie die Begründung in schriftlicher Form stichpunktartig fest.
– Lesen Sie nun die Erläuterungen zu jeder Antwortalternative durch und vergleichen diese mit Ihren eigenen Begründungen.

■ Bedeutungen

Erläuterung zu a):
Tatsächlich werden bei Vertragsverhandlungen nicht selten raffinierte Tricks angewandt, um eine Vertagung oder Unterbrechung der Sitzung zu erreichen, besonders wenn noch interner Beratungsbedarf besteht. Das würde aber noch nicht erklären, warum Herr Solheim gerade diese für Herrn Lange eher inakzeptable

Entschuldigung wählt. Die Routine, mit der nach dem Abbruch des Treffens durch Herrn Solheim der Terminplan umgebaut und Aufgaben bis zum nächsten Tag verteilt werden, deutet darauf hin, dass für die Norweger ein so begründeter Abbruch nicht ungewöhnlich ist und keinerlei Irritation erzeugt. Eine andere Deutung ist wohl kulturadäquater.

Erläuterung zu b):

Es ist gut denkbar, dass seine Frau eine verantwortungsvolle Position innehat oder zumindest einer Vollzeitbeschäftigung nachgeht, wie dies die meisten norwegischen Frauen tun. Die in Norwegen gelebte Gleichberechtigung zwischen Mann und Frau fordert praktische Konsequenzen für die Organisation des privaten und beruflichen Alltags. Dementsprechend werden die beiden sicher je nach eigenen Arbeitszeiten und Verpflichtungen Vereinbarungen getroffen haben, wer wann die Kinder abholt. Wenn Herr Solheim jedoch unter einem solchen familiären Druck gestanden hätte und das regelmäßig, weil ja alle im Betrieb darüber informiert sind, hätte er bei einer Verhandlung mit hinzugezogenen Fachleuten von auswärts sicher die Kinderbetreuung vorher so genau geplant, dass er das Meeting nicht vorher abbrechen muss. So viel vorausschauende Planung muss man dem Chef des Unternehmens schon zutrauen. So ist wohl eine andere Deutung zielführender.

Erläuterung zu c):

Ob eine Verhandlungsphase besonders bedeutsam ist oder nicht, kann durchaus von den Teilnehmern unterschiedlich beurteilt werden und dabei könnten auch sprachliche Verständigungsprobleme eine Rolle spielen. Im vorliegenden Fall findet die Besprechung aber nicht nur mit internem Personal statt, sondern Berater und Banker sind von außerhalb extra angereist, da es um die endgültige Unterzeichnung eines Vertrages geht. Das alles schon betont die Bedeutsamkeit. Zudem scheint ein gewisser Zeitdruck zu bestehen. Diese Deutung erklärt das Verhalten wohl nicht ausreichend.

Erläuterung zu d):

Herr Solheim hat sich in einer für Norweger ganz typischen Art und Weise verhalten. Während für Herrn Lange alles, was mit dieser so wichtigen Verhandlungsrunde zu tun hat, Vorrang vor allem anderen hat, ist das für die norwegischen Partner offensichtlich *nicht* der Fall. Nicht nur Herr Solheim setzt klare Prioritäten, indem für ihn ab 15.30 Uhr die Familienarbeit Vorrang hat, sondern alle anderen akzeptieren den Abbruch klaglos und stellen ihre Pläne entsprechend um. Für Norweger ist klar, dass Herr Solheim nun seine Kinder vom Kindergarten abholen muss. Arbeitszeit und Familienzeit, der Einsatz für das Unternehmen und die Wahrnehmung familiärer Verpflichtungen haben in Norwegen die gleiche Bedeutung, ganz im Gegensatz zu Deutschland. Am Nachmittag beginnt das Familienleben und da es heute seine Aufgabe war, hatte das Abholen der Kinder für Herrn Solheim Vorrang.

■ Lösungsstrategie

Herr Lange ist aus Deutschland eine klare Prioritätensetzung gewohnt. Während der Arbeitszeit sind allein die Interessen des Unternehmens wichtig und wenn dann noch besondere Situationen entstehen, wie wichtige Verhandlungen mit nicht genau planbarer Dauer, dann haben diese Vorrang vor allem und die Anwesenheit aller ist eine Selbstverständlichkeit. Der abrupte Abbruch des produktiven Meetings so früh am Nachmittag ist für ihn daher unverständlich und unprofessionell. Als Führungskraft in einer solchen Position muss man in seinen Augen die Prioritäten beim Beruf setzen und Privatangelegenheiten wie Kinderbetreuung sind so zu organisieren, dass sie die betrieblichen Abläufe nicht beeinflussen. Herrn Langes Einstellung macht deutlich, dass er vermutlich noch nicht sehr lange in Norwegen tätig ist, sonst wäre ihm aufgefallen, dass eine Situation dieser Art hier ganz normal ist und dass er sich hier auf andere Prioritäten umstellen muss.

Arbeit und Privatleben sind gleichberechtigt und bei einer Kollision zwischen beiden Verpflichtungen ist es unter Umständen erforderlich und selbstverständlich, dass private Verpflichtungen Vorrang haben. Ähnliche Situationen wie die hier beschriebene kann man in Norwegen in allen Hierarchiestufen, bis hin zur höchsten politischen Ebene, erleben. Und letztendlich zeigt unser Beispiel: Es geht doch anscheinend auch so. Es wird ein wenig umdisponiert und umstrukturiert und letztlich wird das Ziel der Verhandlungen am Ende trotzdem erreicht.

Wenn er das akzeptiert, sich nicht beschwert oder herumnörgelt, sondern sich aktiv an der Entwicklung von Notfallplänen beteiligt und flexibel reagiert, erhält er Anerkennung und Wertschätzung. Als Chef könnte er versuchen, seine Mitarbeiter dazu anzuhalten, solche privaten Verpflichtungen vorab anzukündigen, soweit das möglich ist, damit man sich in der Planung darauf besser einstellen kann. Er muss dann aber darauf achten, dass er nicht den Eindruck erweckt, das Leben müsste sich immer nach dem einmal festgelegten Plan richten. Flexibles und pragmatisches Reagieren wird auch dann von ihm erwartet.

■ Beispiel 17: Feierabend

■ Situation

Frau Unger lebt seit zwei Jahren in Norwegen und arbeitet als Ärztin in einem Krankenhaus. Eines Tages soll für die Abteilung ein neues Gerät bestellt werden, ohne dass die Weiterarbeit an dem aktuellen Projekt nicht möglich ist. Frau Unger geht daraufhin, es ist fast 16.00 Uhr, zu ihren norwegischen Kolleginnen, mit denen sie gemeinsam die Bestellung erledigen muss. Sie trifft die beiden auf dem Gang, schon im Mantel und auf dem Weg in den Feierabend. Frau Unger fragt, ob sie sich nicht noch gemeinsam um die Bestellung kümmern wollen, es würde doch sicher nur eine halbe Stunde dauern. Es sei schließlich sehr dringend, jeder Tag würde zählen und sie habe erfahren, dass der Vertreter für Fachgeräte am morgigen Tag nicht erreichbar ist. Daraufhin antwortet eine der Kolleginnen überrascht: »Nein, wir haben jetzt Feierabend, so wichtig ist das nun auch wieder nicht! Dinge brauchen ihre Zeit *(ting tar tid)*, wir machen das dann übermorgen!« Frau Unger ist es völlig unbegreiflich, wie man seine Arbeit so wenig wichtig nehmen kann und dass ihre Kolleginnen sich anscheinend gar keine Gedanken darüber machen, dass andere durch ihr mangelndes Engagement Zeit verlieren, von den vermeidbaren Kosten für das Projekt gar nicht zu sprechen.

– Lesen Sie nun die Antwortalternativen nacheinander durch.
– Bestimmen Sie den Erklärungswert jeder Antwortalternative für die gegebene Situation und kreuzen Sie ihn auf der darunter befindlichen Skala an. Es ist möglich, dass mehrere Antwortalternativen den gleichen Erklärungswert besitzen.

■ Deutungen

a) Frau Unger arbeitet zwar schon seit zwei Jahren in Norwegen als Ärztin in einem Krankenhaus, sie hat aber in Wirklichkeit keine Ahnung bezüglich der Bedeutung des Geräts, das zu bestellen ist. Da sind ihre norwegischen Kollegen besser informiert und sehen die Dringlichkeit aus ihrer Fachkenntnis heraus überhaupt nicht.

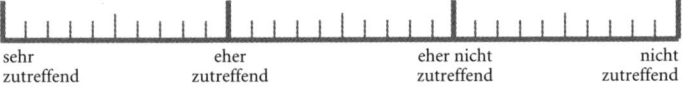

| sehr
zutreffend | eher
zutreffend | eher nicht
zutreffend | nicht
zutreffend |

b) Frau Unger arbeitet nur als Ärztin und nicht als Chefin in einem Krankenhaus und setzt sich nun intensiv für die Anschaffung des neuen Geräts ein und will dabei auch noch ihre norwegischen Kollegen einspannen. Dieser übertriebene Ehrgeiz geht ihnen so auf die Nerven, dass sie froh sind, ihr auf diesem indirekten Wege klar zu machen, dass sie sich nicht so hervortun soll.

| sehr
zutreffend | eher
zutreffend | eher nicht
zutreffend | nicht
zutreffend |

c) Hier wird eine persönliche Rivalität zwischen Frauen ausgetragen. Die norwegischen Kolleginnen wollen Frau Unger zeigen, dass sie sich nicht von ihr herumkommandieren lassen.

| sehr
zutreffend | eher
zutreffend | eher nicht
zutreffend | nicht
zutreffend |

d) Um 16.00 Uhr ist Feierabend, den man pünktlich beginnt. Danach hat nicht mehr die Arbeit den Vorrang, sondern das Privatleben.

| sehr zutreffend | eher zutreffend | eher nicht zutreffend | nicht zutreffend |

- Versuchen Sie, Ihre Einstufung jeder Antwortalternative zu begründen. Halten Sie die Begründung in schriftlicher Form stichpunktartig fest.
- Lesen Sie nun die Erläuterungen zu jeder Antwortalternative durch und vergleichen diese mit Ihren eigenen Begründungen.

■ Bedeutungen

Erläuterung zu a):

Da Frau Unger zusammmen mit ihren Kolleginnen für die Bestellung des Gerätes verantwortlich ist, ist davon auszugehen, dass alle die erforderlichen Informationen und das nötige Fachwissen besitzen. Allerdings verstehen die norwegischen Kolleginnen die Dringlichkeit einer sofortigen Bestellung vielleicht insofern nicht, dass es um 16.00 Uhr in Norwegen eher unwahrscheinlich ist, noch jemanden anzutreffen. Vielleicht gehen sie davon aus, dass sie den Vertreter heute sowieso nicht mehr erreichen. Die Reaktion der beiden Frauen hat aber in erster Linie einen anderen Grund.

Erläuterung zu b):

Wenn die Kolleginnen von Frau Unger tatsächlich den Eindruck hätten, sie wolle sich als Chefin des Projektes aufspielen, wären sie sicher genervt und würden sie auf diese oder eine andere Art und Weise zu blockieren versuchen und deutlich machen, dass ihr Verhalten inakzeptabel ist. Es ist tatsächlich so, dass Deutsche von Norwegern oft als übertrieben ehrgeizig und besserwisserisch wahrgenommen werden. So könnte es dann von norwegischer Seite heißen: »Meint sie vielleicht, dass die Tatsache, dass sie aus Deutschland kommt, bedeutet, dass sie besser Bescheid weiß?« Dieser Eindruck entsteht aber in erster Linie dadurch, dass Deutsche Dinge im Alleingang tun, bei denen sie ihre norwegischen

141

Kollegen hätten inkludieren sollen. Im vorliegenden Beispiel versucht Frau Unger jedoch im Gegenteil ihre beiden Kolleginnen einzubeziehen und die Bestellung gemeinsam im Team zu erledigen. Diesbezüglich hat sie also ganz richtig gehandelt.

Erläuterung zu c):
Es gibt in der Situationsschilderung keinen wirklichen Hinweis auf eine bestehende Rivalität zwischen den Frauen und Frau Unger scheint ihre Kolleginnen auch nicht herumzukommandieren. Sie fragt höflich nach, ob diese noch kurz Zeit hätten, und begründet, warum sie die Aufgabe gern noch erledigen möchte. Der Grund dafür, dass die Frauen in diesem Moment nicht mit ihr die Bestellung fertig stellen wollen, ist ein anderer.

Erläuterung zu d):
Ja, so ist es. Um 16.00 Uhr ist an diesem Arbeitsplatz sicherlich offiziell Feierabend. Dieser ist den Norwegern heilig und wenn möglich, beginnt man ihn pünktlich. Freizeit und Familienleben nehmen in Norwegen einen großen und wichtigen Teil des Lebens ein, und dieser beginnt am Nachmittag. Die unerledigten Arbeitsaufgaben können bis zum nächsten Tag warten.

■ Lösungsstrategie

Frau Unger ist eine ambitionierte Ärztin, die einen guten Job machen möchte. Aus Deutschland ist sie es gewohnt, dass Überstunden zum Arbeitsalltag dazugehören. Das Verhalten ihrer norwegischen Kolleginnen erweckt bei ihr den Eindruck, als nähmen diese ihren Beruf nicht ernst genug. Sie hat das Gefühl, mit ihrem Engagement alleine dazustehen. Der Grund hierfür ist eine andere Prioritätensetzung der Norweger. Hier stehen das berufliche und das private Leben als zwei gleichberechtigte und gleich wichtige Teile nebeneinander. Bildlich gesprochen steht der Norweger sozusagen auf zwei Beinen, dem privaten und dem beruflichen, und ist stets bemüht, eine ausgeglichene Balance zwischen beiden herzustellen. Der Feierabend ist heilig und wird in der Regel pünktlich angetreten. Es ist nicht erwartet oder erwünscht, regelmäßig an oder über seine Leistungsgrenze zu gehen. Mit dem Satz: »Ich bin momentan so gestresst, ich arbeite nur noch« kann man bei Norwegern nicht auf Verständnis stoßen. Da die familiären Aufgaben selbstverständlich zwischen beiden Eltern aufgeteilt werden, ist das Berufsleben familienfreundlich organisiert, beispielsweise insofern, dass generell weniger Flexibilität in Bezug auf Überstunden von den Mitarbeitern erwartet wird. Dringliches wird bis zum Feierabend erledigt, alles andere kann man eben auch später machen, auf einen Tag kommt es da nicht an. Das Verhalten der norwegischen Kolleginnen von Frau Unger ist nicht gleichzusetzen mit mangelndem Engagement oder einer zu geringen Bedeutung der beruflichen Tätigkeit, sondern mit einer gleichberechtigten Priorität beider Lebensbereiche. Folglich wird das, was in Deutschland als echtes Engagement gilt, in Norwegen leicht als übertriebenes Engagement, manchmal sogar als Wichtigtuerei wahrgenommen. Aufgrund des zunehmend globalisierten Arbeitsmarktes ist das geschilderte Verhalten allerdings in einigen Bereichen in abnehmendem Maße zu beobachten. Daneben spielt in diesem Beispiel vermutlich auch die gute wirtschaftliche Lage Norwegens eine Rolle. Vielleicht steht für das Projekt im Gegensatz zu dem, was Frau Unger aus Deutschland gewohnt ist, ein beträchtliches Budget zu Verfügung und so ist die wirtschaftliche Effizienz nicht in gleicher Weise im Fokus ihrer Kolleginnen.

Frau Unger sollte diese Prioritätensetzung verstehen lernen und für sie wichtige Dinge früher am Tag ansprechen. Darüber hinaus sei ihr zu raten, selbst ihren pünktlichen Feierabend zu genießen und es andernfalls ihren Kollegen nicht übel zu nehmen, wenn diese am Nachmittag das Büro verlassen.

■ Hintergrundinformationen zu »Gleichwertigkeit von Arbeit und Privatleben«

■ Rolle der Arbeit

Um die Bedeutung von Arbeit in Norwegen zu beschreiben, muss man unterscheiden zwischen »Arbeit an sich« und der konkret ausgeübten Tätigkeit. Die Tatsache, dass man arbeitet, ist im norwegischen System von zentraler Bedeutung und spielt eine wichtige Rolle für die persönliche Identität von Mann und Frau. Es wird erwartet, dass jeder einer Tätigkeit nachgeht. Zu arbeiten spielt eine wichtige Rolle für die eigene Sozialisation, den persönlichen Selbstwert und das Ansehen in der Gesellschaft. Denn Arbeit ist in Norwegen gleichzusetzen mit Unabhängigkeit und Selbstständigkeit und steht damit für zentrale Werte in der Kultur (→ Individualismus). Mütter, die ihre kleinen Kinder erziehen und nicht parallel arbeiten, sind selten: Wer sich nicht selbst versorgen kann, dem wird weniger Anerkennung, teilweise sogar eher Verachtung entgegengebracht. Abhängigkeit impliziert nämlich für Norweger in noch höherem Maße als für Deutsche Unterlegenheit und Minderwertigkeit. Schon junge Menschen, deren Ausbildung nach dem Schulabschluss unabhängig von der finanziellen Situation der Eltern über staatliche Kredite und Stipendien vorfinanziert wird, sind früh finanziell unabhängig. Arbeit an sich ist deshalb in Norwegen ein Teil der persönlichen Selbstverwirlichung und Sozialisation. Laut einer Studie zur Arbeitseinstellung im internationalen Vergleich würden Norweger auch arbeiten, wenn sie es finanziell gesehen nicht müssten (Kern, 2004).

Die konkrete berufliche Tätigkeit ist jedoch nicht der zentrale Faktor für die personale Identität. Norweger engagieren sich in ihrem Beruf und machen ihn gern, jedoch ist er nur ein Teil ihres Lebens. Sie identifizieren sich gleichermaßen und oft noch stärker mit ihrer regionalen Herkunft, ihrer Rolle in der Familie oder einer betriebenen Freizeitaktivität. Norweger arbeiten, um zu leben, sie fühlen sich nicht beherrscht von ihrem Beruf und wollen auch nicht beherrscht werden. Das illustriert eine pragmatische Einstellung zur Arbeit, die sich sowohl auf der individuellen Ebene als auch in der Organisation am Arbeitsplatz zeigt. Es gibt eine klare Einteilung der Zeit für die Arbeit und für die Freizeit, die sowohl im Bewusstsein der Menschen verankert als auch gesetzlich festgelegt ist. Fleiß im Sinne von zeitintensivem Arbeitseinsatz ist in Norwegen keine erstrebenswerte Tugend. Stolz ist eher, wer mit möglichst wenig Einsatz viel erreicht. Das in Deutschland verbreitete über die Arbeitszeit hinausgehende Arbeiten, um das eigene Engagement unter Beweis zu stellen, ist den Norwegern unbekannt.

In Norwegen gilt der Grundsatz, dass Arbeit bezahlt werden muss. Man ist nicht bereit, gratis, zum Beispiel in Form eines unbezahlten Praktikums im Studium, tätig zu sein oder Überstunden ohne Extravergütung zu leisten. Arbeit ist etwas, das erledigt werden muss, dabei ist jedoch für den einzelnen Mitarbeiter weniger von Bedeutung, wann und durch wen dies geschieht. Ist Feierabend, werden unerledigte Dinge auf den nächsten Tag verschoben, denn es besteht ein Recht auf Freizeit. Diese Einstellung wird durch die in Themenbereich 7 »Geringe Bedeutung von Struktur und Planung« beschriebene Einstellung zu Zeit und Terminen verstärkt. Es ist die Verantwortung der Führungskraft, eine ausreichende Anzahl an Mitarbeitern zur Erledigung der anfallenden Aufgaben zu organisieren. Überstunden, für die es strenge gesetzliche Regeln gibt, sind – mit Ausnahmen in der freien Wirtschaft – weniger üblich oder gar selbstverständlich. Sie werden in der Regel nur nach spezieller Absprache mit dem Chef geleistet, mit einem Aufschlag um 100 Prozent vergütet oder durch zusätzliche Freizeit ausgeglichen. Wenngleich die Norweger das deutsche Verantwortungsbewusstsein und Engagement schätzen, werden ausländische Kollegen, die sich idealistisch »für die Sache« engagieren und ohne Extravergütung mehr arbeiten, als potenziell gefährlich empfunden. Denn ihr Arbeitseifer könnte dazu beitragen, die eigene Arbeitsmenge zu erhöhen, und könnte somit die erworbenen Rechte bedrohen.

Forschungsergebnissen zufolge empfinden norwegische Führungskräfte und Arbeitnehmer weniger ein Gefühl der Unabkömmlichkeit als die Deutschen. Der Chef ist eher stolz, wenn er die Dinge so gut organisiert hat, dass es auch einige Zeit ohne ihn läuft. Hier zeigt sich deutlich das Gruppendenken sowie das Bescheidenheitsideal: Das Ergebnis des Teams zählt und die Einzelleistung wird nicht allzu sehr hervorgehoben. Man nimmt sich selbst nicht so wichtig und weiß, dass zum Beispiel Verhandlungen auch ohne die eigene Anwesenheit fortgeführt und erfolgreich abgeschlossen werden können oder man im Urlaub nicht für die Firma erreichbar sein muss. Berufliche Themen werden weniger in den privaten Kontext übertragen, als dies in Deutschland üblich ist. Hier ist die Trennung von Lebensbereichen noch ausgeprägter. Ob bei privaten Festen oder in der Mittagspause, es wird deutlich seltener über das Arbeitsleben gesprochen. Im Unterschied zu Deutschland wird der private Kontext aber auch nicht aus der Arbeit ausgeschlossen. Denn um als Norweger einen Menschen kennen zu lernen, muss man alle Lebensbereiche kennen lernen, über die sich das Gegenüber identifiziert.

Für ein balanciertes Leben ist ein gutes Arbeitsmilieu ebenso wichtig wie ein harmonisches Privatleben. Arbeit soll Spaß machen und man möchte sich wohlfühlen. Ist dies nicht der Fall, wird das gesamte Leben beeinträchtigt. Gleichermaßen ist es akzeptiert, dass auch eine Störung im Privatleben, zum Beispiel die schwere Krankheit eines Angehörigen, die Leistungsfähigkeit des Arbeitnehmers beeinträchtigt und Rücksicht zu nehmen ist.

■ Bedeutung von Freizeit und Familie

Neben dem beruflichen Leben nehmen Familie und Freizeitaktivitäten bei den Norwegern einen hohen Stellenwert ein. Es besteht das Bedürfnis, ausreichend Zeit mit seinen Kindern und seinen Hobbys, die oft sehr leidenschaftlich betrieben werden, zu verbringen und diese nicht aufgrund seines Jobs zu vernachlässigen. Wie schon erwähnt ist das gemeinnützige Engagement in Vereinen hoch angesehen. Hier wird teilweise ein immenser Zeitaufwand (z. B. im Vereinsvorstand) geleistet. Während »nicht zu arbeiten« für Norweger bedeutet, keine Rolle in der Gesellschaft zu spielen, wird »kein Privatleben zu haben« gleichgesetzt mit »kein Leben bzw. Lebensinhalt zu haben«.

Diese unterschiedliche Prioritätensetzung zeigt sich auch in einem anderen Zeitverständnis. Zeit wird nicht abstrakt betrachtet, sondern ist unterschiedlich viel wert je nach Jahreszeit und Lebenssituation. Norweger sind in der Regel naturverbundene Menschen und aufgrund der klimatischen Verhältnisse sind insbesondere die Sommermonate eine Periode, in der Aktivitäten an der frischen Luft oder der Besuch auf der Hütte bevorzugt werden. Man nutzt die Phase der Helligkeit, um möglichst viel freie Zeit draußen zu verbringen. Insbesondere an der regengeplagten norwegischen Westküste (Vestlandet) macht man an einem der wenigen Sonnentage gern früher Feierabend und lebt dann nach dem Motto »Nichts ist so wichtig, dass man es nicht auch morgen erledigen kann.« Eine norwegische Führungskraft weiß, dass sie mehr von ihren Mitarbeitern zurückerwarten kann, wenn sie ihnen diese Freiheiten ermöglicht. In dieser Zeit werden keine Besprechungen am späteren Nachmittag geplant und in vielen Unternehmen gibt es formelle Regelungen, welche die Wochenarbeitszeit im Sommer um eine Stunde verkürzen und dafür im Winter um eine Stunde verlängern. Feste Fertigstellungstermine und womöglich daraus resultierende Überstunden müssen sehr gut begründet werden, damit die Mitarbeiter bereit sind, sie abzuleisten. Zwischen Juli und August sind Gemeinschaftsferien für alle Norweger, und in dieser Periode hat ein Großteil aller Erwerbstätigen in der Regel drei bis vier Wochen Urlaub. Das Wort »Urlaubssperre« gibt es im norwegischen Sprachgebrauch nicht. Es wird nur das wichtigste Tagesgeschäft abgewickelt und da oft kein Stellvertreter ernannt wird, weil zu viele Mitarbeiter parallel Urlaub nehmen, werden viele Vorgänge in dieser Zeit nicht weiter bearbeitet. Deutsche beklagen in diesen Zusammenhängen das aus ihrer Sicht unprofessionelle und wenig serviceorientierte Auftreten der Norweger.

Die Notwendigkeit eines geregelten Arbeitstages ohne unerwartete Überstunden ergibt sich verstärkt durch die in Themenbereich 1 »Soziale Gleichheit« erwähnte weit fortgeschrittene Gleichberechtigung zwischen Mann und Frau. Im Rahmen des Arbeitslebens bedeutet dies, dass jeder arbeiten darf und dass auch Müttern mit Kindern die gleichen Chancen eingeräumt werden: Kind und Karriere sollen parallel möglich sein. Beide Eltern arbeiten gleich viel und auch die familiären Aufgaben werden möglichst gerecht zwischen Mann und Frau aufgeteilt. Ist der Kindergarten geschlossen und ist keine andere Betreuungsmöglichkeit gegeben, wird das Kind auch mal mit zur Arbeit genommen. Haben beide einen wichtigen Termin, der über die normale Arbeitszeit hinausgeht, entscheiden die Eltern, wie die Situation zu organisieren ist und wer seine Besprechung früher zu verlassen hat, der Arbeitgeber hat sich hier nicht einzumischen. Wenn ein Kind krank ist, hat der Arbeitnehmer ein gesetzlich verankertes Recht, sich krank zu melden. Im Unterschied zu Deutschland wird hierfür von Seiten des Arbeitgebers und der Kollegen volles

Verständnis aufgebracht, und zwar ungeachtet der aktuellen Arbeitssituation. War ein Termin fällig oder eine wichtige Präsentation angesetzt, wird diese verschoben, wenn sich niemand anderes findet, der einspringen kann. In diesem Punkt gibt es oft Schwierigkeiten in der deutsch-norwegischen Zusammenarbeit: Die auf deutscher Seite hohe persönliche Identifikation mit dem Beruf und der Firma und dem daraus resultierenden starken Verantwortungsbewusstsein erschwert das Verständnis für das Verhalten der Norweger. Der deutsche Fokus auf die Arbeit und das mangelnde Verständnis für familiäre Prioritäten hingegen wird von norwegischer Seite als äußerst unsympathisch und rücksichtslos empfunden.

▓ Kulturelle Verankerung von »Gleichwertigkeit von Arbeit und Privatleben«

Im 16. Jahrhundert wurde Norwegen von Dänemark aus reformiert und im 18. Jahrhundert fand der Pietismus, ebenfalls über Dänemark aus Deutschland kommend, Eingang in Norwegen (Petrick, 2002). »Als Erbe des Pietismus ging in die säkulare Gesellschaft der Wert von Arbeit ein« (Werler, 2004, S. 52). Es entwickelte sich die Überzeugung, dass fleißig arbeitende Menschen durch Gott belohnt werden, während Müßiggang als Makel empfunden wird. »Das Prinzip der skandinavischen gesellschaftlichen Organisation entspricht der Mitarbeit an der Gemeinschaft, wodurch sie zusammengehalten wird« (Werler, 2004, S. 52). Einer nützlichen Tätigkeit nachzugehen, wurde für das Individuum der norwegischen Gesellschaft zum Weg, um dem Allgemeinwohl zu dienen und Teil der Gemeinschaft zu werden. »Arbeit adelt den Mann«, so heißt ein alter norwegischer Ausdruck und beschreibt damit, dass es die Arbeit ist, die dem Menschen seine Würde gibt.

Gleichzeitig war Norwegen bis in das 20. Jahrhundert hinein ein sehr armes Land und die Annäherung an die Arbeit demnach eine pragmatische. Während in Deutschland das Bildungsbürgertum für die Entwicklung einer idealistischen Haltung zur Ar-

beit verantwortlich war, die den Beruf als Selbstbildung und fort-
dauernden Lernprozess sah, hat sich in Norwegen ein solches Bildungsbürgertum kaum entwickelt. Aus der langen Zeit relativer
Armut resultierte eine stärkere Ausrichtung auf materielle Werte
und ein verbreiteter Utilitarismus in der Bevölkerung im Sinne
der Frage: Was bringt mir das?

Die Familie war immer ein zentraler und wichtiger Teil des
norwegischen Lebens. Man lebte traditionell im Familienver-
bund auf dem Hof und versorgte sich durch gemeinschaftliche
Arbeit selbst. Obwohl Norwegen mit der Zeit auch eine Stadtkul-
tur entwickelte, waren der Bauer und das ländliche Leben das
definierende Ideal in der Periode des norwegischen »nation
building« in der Romantik. Das Beisammensein in der Familie,
die gemeinsame Freizeit auf der Hütte und die engen sozialen
Bindungen gehören zu den traditionellen Werten dieses stabilen
Landes, an denen man bis heute festhält. Die geographischen Bedingungen Norwegens führten darüber hinaus dazu, dass »kein
Ausdruck jahreszeitlicher Veränderungen wichtiger [ist], als die
Unterschiede in Art und Dauer von Licht und Dunkelheit« (Werler, 2004, S. 39). Aufgrund der spät einsetzenden Industrialisierung und der zentralen Rolle von Landwirtschaft und Fischerei
wurde das Leben in Norwegen über lange Zeit vom Rhythmus
der Natur bestimmt. Dies könnte auch die Entwicklung einer variablen, an die Natur angepassten Arbeitsgeschwindigkeit gefördert und bis heute in gewissem Umfang erhalten haben. Die starke Stellung der Gewerkschaften und der Sozialdemokratie nach
1945 hat entscheidend auf diese Mentalität eingewirkt. Während
es in anderen europäischen Ländern aufgrund der hohen Ar-
beitslosigkeit zu einem Mentalitätswandel kam, kann sich Norwegen den Luxus eines geruhsameren Arbeitslebens aufgrund
des Ölreichtums weiterhin leisten.

Die Norweger übten über Jahrhunderte hinweg viele verschiedene Tätigkeiten aus, um ihren Lebensunterhalt zu einem hohen
Grad durch Selbstversorgung zu sichern. Ein vielseitiger Genera-
list mit unterschiedlichsten Fähigkeiten zu sein, war deshalb
schon immer hoch angesehen. Viele der heute betriebenen Freizeitaktivitäten sind praktischer Art und erinnern an Aktivitäten,
die in der Vergangenheit mit dieser Arbeit zu tun hatten. Beispiele

sind Jagd, Fischerei, Hobbyagrarwirtschaft sowie Hausbau und -renovierung.

Wie schon in Themenbereich 1 »Soziale Gleichheit« beschreiben, waren Frauen in Norwegen fast immer berufstätig und in hohem Maße selbstständig. Aufgrund der Notwendigkeit, viele verschiedene Tätigkeiten auszuüben, war der Mann periodisch für längere Zeit abwesend, zum Beispiel bei der Waldarbeit oder beim Fischen. Da mussten Frau und Kinder die Arbeit auf dem Hof übernehmen und für den eigenen Bedarf sorgen. Die klassische Hausfrauenrolle stellt in der norwegischen Geschichte somit eher eine Anomalie dar. Da die Frauen als mithelfende Familienangehörige nicht statistisch erfasst wurden, klassifizierte der norwegische Mikrozensus im Jahr 1960 allerdings noch 90 Prozent der verheirateten Frauen als Hausfrauen (Ostner, 2005). Der Übergang in die offizielle Erwerbstätigkeit vollzog sich in den darauffolgenden zwei Jahrzehnten mit der rapiden Abnahme der kleinbäuerlichen Existenzen und der Zunahme der Beschäftigungsmöglichkeiten im Dienstleistungssektor (Ostner, 2005).

Verknüpft man dies mit der Rolle der Arbeit als Grundlage für den Wert eines Menschen, erklärt dies, dass der Weg zu einer Gleichstellung zwischen den Geschlechtern in Norwegen kurz war.

Plannerer

■ Themenbereich 7:
Geringe Bedeutung von Struktur und Planung

■ Beispiel 18: Die chaotische Besprechung

■ Situation

Frau Felber arbeitet seit einem Jahr in Norwegen im öffentlichen Sektor. In ihrem Team werden regelmäßig Besprechungen einberufen, über deren unstrukturierten Ablauf und mangelnde Effizienz sie immer wieder verärgert und verzweifelt ist. Meist gibt es im Voraus keine oder nur eine grobe Tagesordnung, an die man sich nicht unbedingt hält, sondern die Themen werden während des Meetings spontan in veränderter Reihenfolge aufgenommen, wobei niemand eine klare Gesprächsleitung übernimmt. Immer wieder schweifen die Kollegen ab und kommen vom »Hundertsten ins Tausendste«. Meist stoßen sie dabei auf gemeinsame Bekannte, Verwandte oder Erlebnisse. So kann es passieren, dass man von einem Fachthema über den Autor eines Fachbuches zu der Tatsache kommt, dass einer der Anwesenden den Nachbarn selbigen Autors vor Kurzem im Urlaub getroffen habe usw. Solche privaten Dinge sollte man nach Frau Felbers Auffassung in der Pause oder in der Freizeit besprechen, aber nicht während der Teamsitzung.

– Lesen Sie nun die Antwortalternativen nacheinander durch.
– Bestimmen Sie den Erklärungswert jeder Antwortalternative für die gegebene Situation und kreuzen Sie ihn auf der darunter befindlichen Skala an. Es ist möglich, dass mehrere Antwortalternativen den gleichen Erklärungswert besitzen.

■ Deutungen

a) Frau Felber hat eine klare Vorstellung vom Ablauf betriebli- cher Arbeitsbesprechungen und unterstellt, dass diese immer nach dem gleichen Schema abzulaufen haben. Sie hat noch keine ausreichende Betriebserfahrung, sonst wüsste sie, dass der Verlauf von Arbeitsbesprechungen selbst innerhalb eines Unternehmens Unterschiede aufweist.

| sehr | eher | eher nicht | nicht |
| zutreffend | zutreffend | zutreffend | zutreffend |

b) Besprechungen dienen in Norwegen nicht nur der sachlichen und effektiven Informationsweitergabe und Beschlussfassung, sondern sind parallel dazu immer auch ein wichtiges Element zur Verbesserung des Gruppenklimas und dienen der Bezie- hungspflege. Die Kollegen sollen mehr und mehr als Gruppe zusammenwachsen. Demnach gibt es hier auch Raum für pri- vate Themen und Flexibilität bezüglich der Tagesordnung.

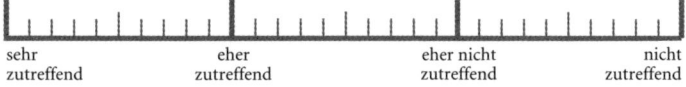

| sehr | eher | eher nicht | nicht |
| zutreffend | zutreffend | zutreffend | zutreffend |

c) Team- und Arbeitsbesprechungen sind zwar sachlich domi- niert, doch zugleich auch soziale Ereignisse, bei denen persön- liche Informationen ausgetauscht, Sympathien verteilt, soziale Vergleichsprozesse und Abstimmungen vorgenommen sowie Bündnisse geschlossen und Subgruppen gebildet werden. Bei jeder noch so sachlichen Besprechung schwingen diese infor- mellen sozialen Vorgänge immer mit.

| sehr | eher | eher nicht | nicht |
| zutreffend | zutreffend | zutreffend | zutreffend |

d) Teambesprechungen gehören zur bezahlten Arbeitszeit. Da Norweger hart und angestrengt arbeiten, nutzen sie die Team- besprechungen, um sich etwas zu erholen. Es sind gleichsam verkappte Pausen gefüllt mit ungezwungenen Gesprächen und anregenden Anekdoten. Das hat Frau Felber nur noch nicht durchschaut. Zudem ist sie Ausländerin und nicht so in den anstrengenden Arbeitsprozess eingebunden wie ihre norwegischen Kollegen. Sie wird mit der Zeit diese Art von Erholungspausen noch schätzen lernen.

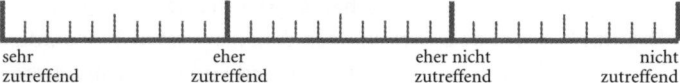

| sehr | eher | eher nicht | nicht |
| zutreffend | zutreffend | zutreffend | zutreffend |

- Versuchen Sie, Ihre Einstufung jeder Antwortalternative zu begründen. Halten Sie die Begründung in schriftlicher Form stichpunktartig fest.
- Lesen Sie nun die Erläuterungen zu jeder Antwortalternative durch und vergleichen diese mit Ihren eigenen Begründungen.

■ Bedeutungen

Erläuterung zu a):
Über mangelnde Berufserfahrung von Frau Felber ist nichts bekannt. Es geht auch nicht darum, dass immer alle Besprechungen nach einem festgelegten Schema ablaufen. Was Frau Felber irritiert, sind wohl die aus ihrer Sicht unpassenden Gesprächsinhalte. Eine andere Deutung thematisiert das Problem treffender.

Erläuterung zu b):
Diese Situation illustriert sehr anschaulich die starke Sachorientierung und das Strukturierungsbedürfnis der Deutschen im Gegensatz zu der auch im Arbeitsleben vorhandenen Personenorientierung der Norweger. Das sachliche Ziel einer effizienten Besprechung wird nie unabhängig vom Wohlergehen der beteiligten Person betrachtet, sondern beidem soll Rechnung getragen werden. Erfolgreich miteinander arbeiten kann man in Norwegen besonders gut dann, wenn eine vertraute und harmonische Atmosphäre in der Gruppe herrscht. Um einander besser kennen zu lernen und Beziehungen zu pflegen, ist es in Norwegen unerlässlich, auch etwas über das Privatleben der Kollegen außerhalb des gemeinsamen Jobs zu erfahren. Deshalb wird es nicht als Zeitverschwendung aufgefasst, andere Dinge als nur die arbeits-

relevanten zu besprechen, und es wird oft von einer dominanten Führung und einer strikten Einhaltung der Tagesordnung abgesehen. Der deutsche Fokus auf eine klare, effiziente Struktur und die rein sachliche Diskussion wird von den Norwegern wiederum oft als »firkantet«, was soviel heißt wie »viereckig«, und dominant empfunden. Viele bevorzugen Agendas, deren Reihenfolge nicht strikt eingehalten werden muss und von denen situationsbezogen auch mal spontan und flexibel abgeschweift werden kann – sogar ins Private. In einer gleichberechtigten und angenehmen Besprechungsatmosphäre soll jeder Teilnehmer zu Wort kommen können. Dies geht – ebenso zum Leidwesen mancher Norweger – auf Kosten der Effizienz und wird von Deutschen als reine Zeitverschwendung empfunden. Norweger akzeptieren, dass diese Art des Besprechungsverlaufs durchaus auf Kosten der Effizienz gehen kann, wohingegen Deutsche dies als reine Zeitverschwendung ansehen.

Erläuterung zu c):
Es stimmt schon, dass informelle soziale Vorgänge bei einer Teambesprechung immer eine Rolle spielen. Allerdings bestehen unterschiedliche Auffassungen darüber, wieviel Raum die sachlichen Themen im Vergleich zur Pflege des Gruppenklimas einnehmen sollten. Deutsche sind bekannt für ihren starken Fokus auf die Sachebene, die sie im beruflichen Zusammenhang zugunsten der Effizienz auch von der Personenebene trennen. Die norwegischen Kollegen lassen jedoch nach Auffassung von Frau Felber in den Besprechungssituationen jegliche Effizienz vermissen.

Erläuterung zu d):
Dass es sich bei norwegischen Besprechungen tatsächlich um eine Art institutionalisierter Erholungspause handelt, trifft so nicht zu. Auch wenn Norweger in ihrer Arbeitszeit sicher konzentriert und effizient arbeiten, gilt das norwegische Arbeitsleben im europäischen Vergleich eher als entspannt, was nicht zuletzt mit der besonderen Einstellung zu Arbeit und Privatleben zu tun hat (siehe Themenbereich 6 »Gleichwertigkeit von Arbeit und Privatleben«). Tatsächlich haben solche Treffen für Norweger aber eine wichtige und verpflichtende Funktion. Welche?

■ Lösungsstrategie

Wie viele Deutsche empfindet auch Frau Felber Besprechungen in Norwegen als zu wenig sachbezogen und das Abschweifen ins Persönliche als Zeitverschwendung, die für sie mit ernsthafter Frustration verbunden ist. Sie hat vermutlich in Deutschland eine nach ihrem Empfinden viel effektivere Art der Durchführung solcher Meetings erlebt. Allerdings sollte Frau Felber nicht übersehen, dass diese Methode der Kommunikation, der Strukturierung und der zeitlichen Planung nicht unabhängig vom gesellschaftlichen Kontext die beste ist, sondern jedes Land eigene Vorgehensweisen nach den dort vorherrschenden Prämissen entwickelt. Deshalb sollte sie zunächst einmal genau hinschauen, ob ihre Kollegen nicht bezüglich der in Norwegen herrschenden Ziele und Bedürfnisse vielleicht doch ein sinnvolles Vorgehen gewählt haben. Objektiv gesehen sind diese Besprechungen keine reine Zeitverschwendung, denn sie erfüllen ja durchaus sinnvolle Funktionen: Die Teilnehmer lernen einander – auch die Privatpersonen – besser kennen und können sich so auch in der Arbeitssituation besser einschätzen und effektiver zusammenarbeiten. Außerdem wird auf diese Weise eine vertraute Atmosphäre im Team geschaffen, die es möglich macht, offener miteinander zu diskutieren. Durch die nicht sachbezogenen Gespräche kann man »warm« werden und gemeinsam ein unstrukturiertes Brainstorming vornehmen, um so die besten Ideen zu generieren. Wenn Frau Felber sich diese sinnvollen Prozesse bewusst macht, fällt es ihr vielleicht schon etwas leichter, die Vorgehensweise zu akzeptieren. Auf jeden Fall sollte sie nicht, wie viele andere Deutsche, den Fehler machen, die zahlreichen Zusammenkünfte ihrer norwegischen Kollegen als Ausrede für eine bezahlte Verschnaufpause zu interpretieren, denn das trifft hier nicht den Kern.

Als Deutscher in Norwegen sollte man die scheinbar so chaotischen Besprechungen erst einmal eine Weile beobachten, um herauszufinden, ob nicht vielleicht trotz der für Deutsche fehlenden Struktur am Ende ein effizientes Ergebnis steht, das sowohl den zu besprechenden Themen als auch den Beziehungsaspekten Rechnung getragen hat. Ist dies nicht der Fall, sondern kommen

157

die Sachthemen zu kurz und die eigene Arbeit leidet darunter, hat Frau Felber vermutlich nur bedingt Einflussmöglichkeiten.

Zunächst könnte sie in informellen Einzelgesprächen die Meinung ihrer norwegischen Kollegen und des/der Vorgesetzten zu diesem Thema abtasten. Es kann nämlich durchaus sein, dass diese ebenso genervt sind von der Art der Gesprächsführung und sich ein wenig mehr Struktur wünschen, jedoch noch keinen akzeptablen Weg gefunden haben, diese einzuführen. Vielleicht möchte niemand die Führung übernehmen, andere zurechtweisen und sich damit über sie erheben (siehe hierzu auch Themenbereich 1 »Soziale Gleichheit« und Exkurs »Individualismus trotz Konformität«). Ist dies der Fall, muss sie trotzdem sehr vorsichtig vorgehen bei der Formulierung von Strukturierungsvorschlägen, nicht zuletzt, weil sie damit schnell das in Norwegen vorhandene negativ besetzte Deutschenbild bestehend aus strikter Ordnung, Disziplin und Gehorsam bedient. Vielleicht findet sie Unterstützung durch andere, vertraute Personen im Team, die aufgrund ihres Status in der Gruppe solche Veränderungen anregen könnten. Andernfalls muss Frau Felber sich wohl oder übel mit der Situation arrangieren.

Wäre Frau Felber in einer Führungsposition, könnte sie den Kollegen ihre Art der Besprechungsführung vorstellen und mit ihnen gemeinsam einen Kompromiss entwickeln. Sie sollte hierbei nicht nur auf die Erreichung des sachlichen Zieles mit Hilfe einer starken Strukturierung im Sinne von »Tagesordnungspunkt, konkrete Maßnahme, nächste Schritte, nächster Tagesordnungspunkt ...« fokussieren, da ihre Kollegen dies sicher als zu dominant und unflexibel empfinden würden. Sie könnte aber festlegen, dass während der Besprechung der Agendapunkte nicht hin- und hergesprungen und nicht von den Themen abgewichen wird.

So könnte es sich am Ende so gestalten, dass beispielsweise zu Beginn eines jeden Treffens zunächst Raum für offene Themen und Persönliches ist. Der sachbezogene, offizielle Teil wird daraufhin möglichst strukturiert und ohne Abschweifungen erledigt und danach kann das Treffen mit ungezwungenen Gesprächen ausklingen. Zeigt die deutsche Führungskraft das nötige Fingerspitzengefühl, sind ihre Mitarbeiter am Ende vielleicht sogar froh über die neu geschaffenen Strukturen.

Beispiel 19: Die Projektleitung

Situation

Herr Fassbender ist seit kurzem in leitender Position in einer deutschen Zweigniederlassung in Oslo tätig. Ihm wird die Leitung für ein Projekt übertragen, an dem 25 norwegische Mitarbeiter aus verschiedenen Bereichen beteiligt sind. In den ersten Besprechungen hat Herr Fassbender den Eindruck, dass es einer klaren Struktur und Führung bedarf, um das Projekt effizient und im gesetzten Zeitrahmen abzuschließen. Er sorgt deshalb gleich zu Anfang dafür, dass die Aufgaben genau spezifiziert und dann unter den Mitarbeitern verteilt werden, und zudem legt er die Zeiten für die Aufgabenerledigung und die Teilschritte fest. Er kontrolliert regelmäßig die bisherigen Arbeitsschritte seiner Mitarbeiter und gibt positive oder aber auch direkte negative Rückmeldungen, je nach Qualität des Ergebnisses. Relativ häufig bemängelt er die Sorgfalt seiner Mitarbeiter, da die äußere Form der abgelieferten Unterlagen oft nicht seinen Erwartungen entspricht. Je mehr Zeit vergeht, desto mehr spürt er Widerstand und fehlendes Engagement von Seiten seiner Mitarbeiter. Am Ende des Projektes haben drei von ihnen, die viele Jahre bei der Firma beschäftigt waren, ohne Angabe von Gründen gekündigt. Herr Fassbender versteht nicht, was passiert ist.

– Lesen Sie nun die Antwortalternativen nacheinander durch.
– Bestimmen Sie den Erklärungswert jeder Antwortalternative für die gegebene Situation und kreuzen Sie ihn auf der darunter befindlichen Skala an. Es ist möglich, dass mehrere Antwortalternativen den gleichen Erklärungswert besitzen.

Deutungen

a) Das von Herrn Fassbender vorgegebene Arbeitstempo sind die norwegischen Mitarbeiter nicht gewohnt. Sie sind überfordert und suchen sich eine leichtere Arbeit.

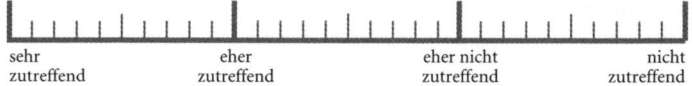

| sehr zutreffend | eher zutreffend | eher nicht zutreffend | nicht zutreffend |

b) Die 25 Mitarbeiter aus den verschiedenen Bereichen sind für die Arbeit abgeordnet worden und haben sich zu dieser Projektarbeit nicht freiwillig gemeldet. Ihnen fehlt deshalb die entsprechende Arbeitsmotivation und sie machen Dienst nach Vorschrift.

sehr	eher	eher nicht	nicht
zutreffend	zutreffend	zutreffend	zutreffend

c) Die Mitarbeiter mögen die von Herrn Fassbender geschaffene straffe Struktur nicht, deren Notwendigkeit sie nicht verstehen. Die Möglichkeit zur eigenen Gestaltung ist für qualifizierte norwegische Mitarbeiter selbstverständlich. Um motiviert arbeiten zu können, brauchen sie Freiräume und das Gefühl von Selbstbestimmung.

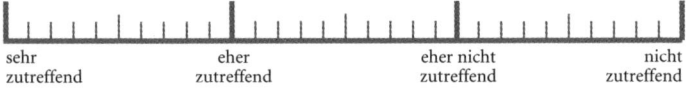

sehr	eher	eher nicht	nicht
zutreffend	zutreffend	zutreffend	zutreffend

d) Die norwegischen Mitarbeiter empfinden Herrn Fassbender als eine autoritäre Führungsperson, die nur anweist und kritisiert.

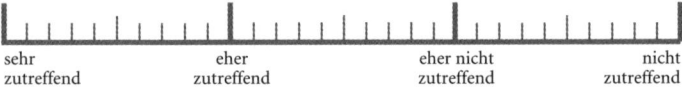

sehr	eher	eher nicht	nicht
zutreffend	zutreffend	zutreffend	zutreffend

– Versuchen Sie, Ihre Einstufung jeder Antwortalternative zu begründen. Halten Sie die Begründung in schriftlicher Form stichpunktartig fest.
– Lesen Sie nun die Erläuterungen zu jeder Antwortalternative durch und vergleichen diese mit Ihren eigenen Begründungen.

■ Bedeutungen

Erläuterung zu a):
Untersuchungen haben ergeben, dass die generelle Lebensgeschwindigkeit in Norwegen im Vergleich zur deutschen tatsäch-

lich geringer ist. Auch spielen Effizienz, Optimierung und Leistungsstreben eine zentrale Rolle. Insofern wäre es denkbar, dass Herr Fassbender ein etwas höheres Tempo erwartet, als seine Mitarbeiter es gewohnt sind. Da es sich allerdings bei dem beschriebenen Unternehmen um die Zweigniederlassung einer deutschen Mutterfirma handelt, dürften die Unterschiede in der Arbeitskultur nicht so gravierend sein, dass sich die vorliegende Situationsbeschreibung damit erklären lässt.

Erläuterung zu b):
Wonach die 25 Mitarbeiter von Herrn Fassbender für das Projekt ausgewählt wurden, erfahren wir in der Situationsbeschreibung nicht. Angenommen, diese Deutung träfe zu, wäre die beschriebene Reaktion der norwegischen Mitarbeiter durchaus denkbar. Im vorliegenden Beispiel allerdings nimmt die Motivation der Mitarbeiter erst im Verlaufe der Projektphase ab und der Widerstand zu, einige reichen schlussendlich sogar ihre Kündigung ein. Das deutet eher darauf hin, dass ihnen die Art und Weise der Projektdurchführung missfallen hat.

Erläuterung zu c):
Dies ist der zweite wichtige Aspekt, der das Verhalten der Mitarbeiter in diesem Beispiel erklärt. Herr Fassbender gibt viel zu starre Strukturen vor, deren Notwendigkeit für seine Mitarbeiter nicht sichtbar wird. Für Norweger haben straffe Strukturen keinen Wert in sich, sondern werden nur dann akzeptiert, wenn sie in der konkreten Situation für die Zielerreichung dienlich sind. Sonst werden sie schnell als störend empfunden und als Einengung der Freiheit von Person und Gruppe betrachtet. Norweger haben einen eher individualistischen Arbeitsstil, das heißt sie schätzen Freiraum und Selbstbestimmung bei der Ausführung ihrer Arbeit und lassen sich nicht gern in ein Schema pressen. Exakte Vorgaben und eine enge Führung empfinden sie als Verlust von Selbstständigkeit und reagieren darauf deshalb oft mit Widerstand. Norweger haben eine starke Abneigung gegenüber autoritärem Verhalten und empfinden es als unangebracht, wie ihr deutscher Chef von oben herab die Aufgaben delegiert, kontrolliert und obendrein auch noch in ihren Augen völlig unwich-

tige formale Äußerlichkeiten bemängelt. Der Fokus vieler Deutscher auf Formatierung und äußere Gestaltung ist in den Augen der meisten Norweger geradezu parodisch, für sie sind Äußerlichkeiten von untergeordneter Wichtigkeit, der Inhalt zählt, nicht die Verpackung. All das hat die Motivation und den Leistungswillen der norwegischen Mitarbeiter nach und nach im Keim erstickt (und nun zeigen sie durch passiven Widerstand, z. B. in Form einer Verlangsamung des Arbeitstempos, dass sie diesen »eisernen« Führungsstil nicht akzeptieren.) Einige Mitarbeiter ziehen es sogar vor zu kündigen. Auch hier zeigt sich wieder die typische norwegische Verhaltensweise des Aus-dem-Weg-Gehens: Lieber meidet man den Konflikt und entzieht sich der Situation, anstatt den Chef direkt zu kritisieren und seinen Unmut kundzutun. Einen Einfluss auf diese Reaktion hat sicherlich auch die vergleichsweise entspannte Arbeitsmarktsituation in Norwegen, ohne die der Wille zum Durchhalten vielleicht stärker wäre.

Erläuterung zu d):

Diese Antwort steuert einen ganz wesentlichen Aspekt zur Erklärung des Verhaltens der norwegischen Mitarbeiter bei. Sie empfinden den Führungsstil von Herrn Fassbender als sehr autoritär und fühlen sich herumkommandiert. In Norwegen ist es, wie schon mehrfach erwähnt, nicht üblich, Statusunterschiede in der Kommunikation hervorzuheben. Mit seiner dominanten Art der Auftragserteilung macht er sich bei seinen Mitarbeitern unbeliebt, diese wiederum quittieren sein Verhalten mit mangelnder Motivation oder gar passivem Widerstand.

■ Lösungsstrategie

Hier haben wir es mit einem Fall zu tun, in dem das kulturelle Fehlverhalten der deutschen Führungskraft ernsthafte Konsequenzen in Form eines mehr oder weniger missglückten Projektes und einiger Kündigungen mit sich brachte. In der Zusammenarbeit zwischen Deutschen und Norwegern ergeben sich in diesem Kontext oft Probleme. Mit dem deutschen Ausdruck

»Ordnung muss sein«, der paradoxerweise im deutschen Original in der norwegischen Alltagssprache verwendet wird, spricht man den Deutschen eine als für sie typisch wahrgenommene Eigenschaft zu. Die Reaktionen einiger Mitarbeiter von Herrn Fassbender zeigen, wie negativ Norweger auf einen allzu autoritären, strukturierenden und kontrollierenden Führungsstil von deutscher Seite reagieren. Ein an eine solche Struktur gewöhnter deutscher Arbeitnehmer, der einem norwegischen Vorgesetzten unterstellt ist, wird übrigens die ihm übertragene Verantwortung sicher als ungewohnte Belastung empfinden.

Was aber hätte Herr Fassbender tun können, um eine für seine norwegischen Mitarbeiter angenehme und gewinnbringende Arbeitsatmosphäre zu schaffen? Generell gilt: Je mehr individuelle Gestaltungsspielräume er seinen Mitarbeitern als Führungskraft am Arbeitsplatz einräumt, desto motiviertere Arbeitskräfte wird er erhalten. Entsprechend der flachen Hierarchie wird autonomes, eigenverantwortliches Handeln vom Mitarbeiter erwartet und gefordert. Konkret heißt dies, dass Herr Fassbender sich von dem in Deutschland üblichen hohen Grad an Konkretisierung verabschieden muss, denn die starre Festlegung von Details wird hier als unflexibel und einengend empfunden. Er darf den Rahmen festlegen, Aufgaben grob unter seinen Mitarbeitern verteilen und sich mit ihnen auf gemeinsame Prinzipien und zu erreichende Ziele einigen. Den Weg dorthin sowie die zeitliche Planung muss er jedoch jedem Einzelnen überlassen. Von seinem Perfektionsanspruch in Bezug auf das äußere Erscheinungsbild der abgelieferten Papers sollte er sich wenn möglich verabschieden und die norwegischen Standards akzeptieren. Möchte er die Fortschritte des Projektes kontrollieren, sollte er dies weniger offensichtlich tun, da Norweger es sonst als Ausdruck mangelnden Vertrauens empfinden (könnten). Stattdessen könnte er versuchen, sich in der fortlaufenden Kommunikation mit dem Team und in entspannten Zweiergesprächen Übersicht zu verschaffen, zu konkretisieren, Rückmeldungen zu geben und gegebenenfalls seine Hilfe anbieten. Bei alldem sollte er zum Ersten die in Themenbereich 4 »Harmonieorientierung« behandelten Aspekte der Kommunikation und Interaktion beachten und zum Zweiten nie die Gruppe (in der egalitären Hierarchie) aus dem Fokus verlieren, deren Wohlergehen nicht zugunsten von effizienten Strukturen vernachlässigt werden darf: Freundlichkeit und das Bemühen um eine angenehme, kollegiale Atmosphäre statt Befehlston.

■ Beispiel 20: Die binationale Projektorganisation

■ Situation

Herr Mendel lebt seit zwei Jahren in Oslo und ist zur Zeit an der Organisation eines Projektes beteiligt, das von einer Gruppe Norwegern und einer Gruppe Deutscher gemeinsam organisiert wird. Er empfindet die Arbeitsweise seiner norwegischen Kollegen von Beginn an als sehr unstrukturiert und wenig systematisch. Insbesondere würde Herr Mendel viele Dinge gern viel früher »unter Dach und Fach« bringen. Seine norwegischen Kollegen verstehen nicht, warum er die Termine für die Fertigstellung so früh setzen will. Herr Mendel ist durch diese Arbeitsweise außerordentlich gestresst und sieht das gesamte Projekt schon scheitern. Als jedoch nach einiger Zeit der Druck da ist, dass bestimmte Aufgaben wirklich abgeschlossen und bestimmte Probleme gelöst werden müssen, ist er überrascht, wie schnell und pragmatisch seine norwegischen Kollegen dies erledigen.

– Lesen Sie nun die Antwortalternativen nacheinander durch.
– Bestimmen Sie den Erklärungswert jeder Antwortalternative für die gegebene Situation und kreuzen Sie ihn auf der darunter befindlichen Skala an. Es ist möglich, dass mehrere Antwortalternativen den gleichen Erklärungswert besitzen.

■ Deutungen

a) Wenn die Norweger als Gruppe ein Projekt übernehmen, dann verwenden sie zunächst sehr viel Zeit darauf, sich gegenseitig kennen zu lernen und abzutasten. Dies betrifft sowohl ihre Persönlichkeit als auch die in der Gruppe verfügbare Arbeitskapazität. Erst nachdem für alle Klarheit hergestellt ist, können sie sich mit einer Aufgabe beschäftigen, was Herr Mendel nicht versteht, da für ihn als Deutscher die Arbeitsaufgaben klar sind.

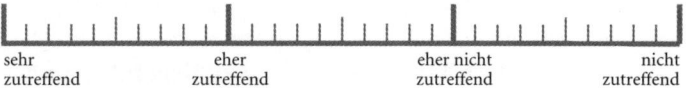

| sehr zutreffend | eher zutreffend | eher nicht zutreffend | nicht zutreffend |

b) Es hat nie Grund zur Aufregung bestanden. In Norwegen werden Dinge in der Regel erst in Angriff genommen, wenn es einen zwingenden Grund für deren Fertigstellung gibt. Vorher werden keine Fristen festgelegt.

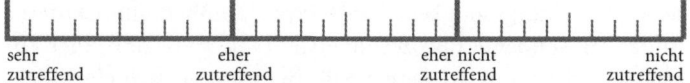

| sehr zutreffend | eher zutreffend | eher nicht zutreffend | nicht zutreffend |

c) Norweger haben grundsätzlich Probleme, unter der Leitung eines Deutschen zu arbeiten, und unter Druck setzen lassen wollen sie sich grundsätzlich nicht von einem Ausländer und schon gar nicht von einem Deutschen.

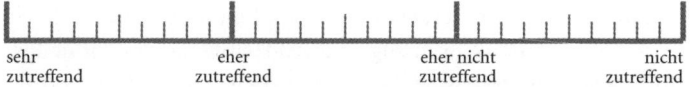

| sehr zutreffend | eher zutreffend | eher nicht zutreffend | nicht zutreffend |

d) Norweger sind es gewohnt, alles auf die leichte Schulter zu nehmen, und sie sind nur arbeitswillig und leistungsfähig, wenn sie unter massiven Druck gesetzt werden.

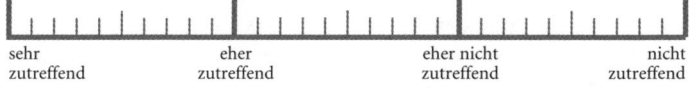

| sehr zutreffend | eher zutreffend | eher nicht zutreffend | nicht zutreffend |

– Versuchen Sie, Ihre Einstufung jeder Antwortalternative zu begründen. Halten Sie die Begründung in schriftlicher Form stichpunktartig fest.
– Lesen Sie nun die Erläuterungen zu jeder Antwortalternative durch und vergleichen diese mit Ihren eigenen Begründungen.

■ Bedeutungen

Erläuterung zu a):
Wie wichtig es für Norweger ist, die anderen Gruppenmitglieder kennen zu lernen und eine angenehme Atmosphäre herzustellen, hat schon mehrfach Erwähnung gefunden. Dennoch sprechen zwei Punkte dagegen, dass diese Antwort das Verhalten des norwegischen Teams zutreffend erklärt. Zum einen bindet der Prozess des Kennenlernens in Norwegen nie die gesamte Arbeitskapazität einer Gruppe, sondern spielt sich neben der eigentlichen Aufgabenstellung ab. Wurde er erfolgreich durchgeführt, kann dies die Leistungsfähigkeit einer Gruppe erhöhen. Zum anderen findet der Kennenlernprozess in erster Linie zu Beginn einer Zusammenarbeit statt. In diesem Fall aber wundert sich Herr Mendel im Verlauf des gesamten Projektes über die Arbeitsweise und die Zeitplanung seiner norwegischen Kollegen. Warum dies so ist, wird deshalb in einer anderen Antwort besser erklärt.

Erläuterung zu b):
Norweger haben im Vergleich zu Deutschen weniger das Interesse nach Durchstrukturierung und frühzeitiger, detaillierter Planung. Das zeigt sich sowohl in den Arbeitsabläufen im beruflichen Kontext als auch bei der Organisation des alltäglichen Lebens und bei der Freizeitplanung. Eine Frist muss einen triftigen Grund haben, sonst ist sie in norwegischen Augen sinnlos. Deshalb werden Dinge in der Regel erst in Angriff genommen, wenn wirklicher Handlungsbedarf besteht. Das ist in der Regel dann, wenn Deutsche das Gefühl haben, dass es eigentlich schon fast zu spät ist. Für dieses typische Verhalten gibt es im Norwegischen einen Ausdruck, die »skippertaksmentalitet«. Damit kommt zum Ausdruck, dass man erst unter einem gewissen Zeitdruck, dann aber in einem gewaltigen Kraftakt möglichst rasch und effektiv in der Gruppe Aufgaben löst, anstatt mehrere Dinge über längere Zeit parallel zu planen. Denn warum sollte man vorher anfangen, wenn man die Aufgaben auch genauso erfolgreich »fünf vor zwölf« erledigen kann. Auch hier kommt das Bedürfnis nach Individualität und Freiraum in Kombination mit der Gruppenorientierung zum Tragen: Man entscheidet gemeinsam über das

grobe Vorgehen und verteilt Aufgaben. Dann arbeitet jeder Einzelne soweit möglich für sich und zum Schluss werden die einzelnen Teilarbeiten präsentiert, diskutiert und zu einem kollektiven Ergebnis zusammengeführt. Von dieser »plötzlichen« Produktivität sind die Deutschen dann oft völlig überrascht.

Erläuterung zu c):
Norweger haben generell keine Probleme damit, unter einer Führungskraft zu arbeiten, die sich ihrer Leitungsposition durch eine kompetente Führung würdig erweist. Ist dies nicht der Fall, wird man es ungeachtet seiner Nationalität schwer haben, in seiner Rolle Akzeptanz zu finden. Im vorliegenden Beispiel jedoch scheint es sich sowieso nicht um ein Projekt unter der Leitung eines Deutschen zu handeln, sondern um eine binationale Zusammenarbeit zwischen zwei Teams. Unter Druck setzen lassen wollen sich Norweger tatsächlich nicht gern, das hat aber in diesem Fall nichts mit der deutschen Herkunft von Herrn Mendel zu tun.

Erläuterung zu d):
Norweger sind grundsätzlich mit oder ohne Druck sowohl arbeitswillig als auch leistungsfähig. Dies zeigt allein schon die wirtschaftliche Entwicklung des Landes. Allerdings enthält diese Aussage einen richtigen Aspekt, denn Druck, ausgelöst durch einen herannahenden Abgabetermin, führt bei Norwegern tatsächlich zu einer Leistungssteigerung.

■ Lösungsstrategie

Deutsche haben ein starkes Bedürfnis nach klaren Strukturen und langfristiger Planung, die ihnen eine Kontrolle über die Situation ermöglichen, was als bester Weg zur Problemlösung betrachtet wird (Schroll-Machl, 2003). Genau das wünscht sich in der Situationsbeschreibung auch Herrn Mendel. Er möchte nichts dem Zufall überlassen, sondern ihm wäre es am liebsten, wenn beide Projektteams gemeinsam einen systematischen Handlungs- und Zeitplan ausarbeiten würden, bevor sie mit der Umsetzung beginnen. In Norwegen hingegen ist eher ein Bedürfnis nach Freiraum und Flexibilität anzutreffen und so kann es in der Zusammenarbeit zwischen deutschen und norwegischen Teams schnell zu Frustrationen kommen. Wir haben es hier also mit zwei unterschiedlichen Planungsstilen zu tun. Eine typisch norwegische Reaktion auf die Konfrontation mit der deutschen Organisationsliebe ist die Antwort: »Das wird schon klappen!« (»Det ordner seg«). In diesem Fall ist das auch so eingetreten – es hat geklappt, allerdings auf Kosten des Nervenkostüms von Herrn Mendel. Was ist ihm also zu raten, um in Zukunft weniger aufreibende Projektarbeit zu erleben? Im vorliegenden Fall hätte Herr Mendel im Grunde nicht mehr tun können. Er muss zunächst akzeptieren, dass die norwegischen Kollegen einer anderen Vorgehensweise bei der Strukturierung, zeitlichen Planung und Umsetzung von Projekten folgen. Das Beispiel hat aber auch gezeigt, dass dieser Arbeitsstil anscheinend ebenfalls zum Ziel führt. Eine mögliche Erklärung hierfür ist die hinsichtlich der Bevölkerungszahl überschaubare norwegische Gesellschaft, in der sich viele persönlich kennen. Die dort existierenden informellen und verdeckten Hierarchien können durchaus genutzt werden, um Entscheidungen, für die normalerweise viel Vorbereitungszeit erforderlich ist, schnell zum Abschluss zu bringen. Dazu benötigt man allerdings gute Kenntnisse der Binnenstruktur existierender Netzwerke, die in jeder Hinsicht nützlich sind. Herr Mendel kann in Zukunft Nerven sparen durch die gewonnene Erkenntnis, dass seine Kollegen, sobald der Abgabetermin näherrückt, vollen Einsatz bringen und in der Regel alles rechtzeitig fertigstellen werden. Vielleicht kann auch er dann gelassener an die Situation herangehen und die Vorteile erkennen: So plant man nicht etwas unnötig, was dann am Ende doch anders kommt.

Trotzdem wissen viele Norweger in vielen Momenten die systematische, strukturierende Herangehensweise der Deutschen, die sie selber nicht gewohnt sind und schwer umsetzen können, durchaus zu schätzen. Nicht immer ist das Vertrauen darin, es würde schon alles irgendwie klappen, auch der beste Weg zum Erfolg. Hier können und wollen viele die Norweger etwas lernen. Bei der Vorgehensweise ist jedoch Fingerspitzengefühl gefragt. Sätze wie: »Bei uns in Deutschland machen wir das immer so und so . . .« sind unbeliebt. Verbesserungsvorschläge sollten auf diplomatische Weise vorgetragen werden, damit man nicht als dominant und besserwisserisch wahrgenommen wird und so den Widerstand seiner Kollegen weckt. Fragen wie »Könnten wir das nicht vielleicht auf die folgende Weise organisieren ...?« sind in solchen Fällen erfolgversprechender. Ist Herr Mendel derjenige, der für die Einhaltung des Zeitplanes verantwortlich ist, sollte er sich bewusst machen, dass die Verbindlichkeit gegenüber Terminfestlegungen in Norwegen geringer ist und diese nur mit einer triftigen Begründung akzeptiert und eingehalten werden. Er sollte also bei der Festsetzung von Abgabeterminen sicherstellen, dass seine Mitarbeiter deren Notwendigkeit erkannt haben und vielleicht ein wenig Pufferzeit einbauen.

■ Hintergrundinformationen zu »Geringe Bedeutung von Struktur und Planung«

■ Geringes Bedürfnis nach Struktur und Regeln

Während in Deutschland Regeln und Vorschriften Folge geleistet wird, ohne lange nach Sinn und Zweck zu fragen (Schroll-Machl, 2003), werden diese in Norwegen nur dann akzeptiert, wenn sie sinnvoll begründet werden können. Das bedeutet nicht, dass hier das Zusammenleben im Alltag nicht durch Regeln geordnet ist. Jedoch handelt es sich hierbei nur um einen Rahmen, dessen flexible Auslegung und Handhabung in der jeweiligen konkreten Situation angepasst wird. In Norwegen ist man es gewohnt, eigenverantwortlich innerhalb prinzipieller Grenzen zu handeln. Dies gilt dort, wo negative Konsequenzen für andere ausgeschlossen sind (siehe Extrakapitel). In einigen Bereichen allerdings werden auch starke Eingriffe in die Lebensführung durch Regeln akzeptiert. Als Beispiel seien hier etwa die strengen Alkoholgesetze Norwegens oder die starke wirtschaftliche Umverteilung des Wohlfahrtsstaates genannt. Strukturen haben keinen Wert in sich, sondern müssen für die konkrete Zielerreichung dienlich sein, sonst engen sie nur die Freiheit von Person und Gruppe ein. Wichtig ist, dass etwas im Grunde funktioniert, und das muss nicht unbedingt immer perfekt sein. Dies zeigt sich im norwegischen Verwaltungssystem, das weit weniger stringent durchstrukturiert und -organisiert ist als das deutsche. Es herrscht eine höhere Toleranzschwelle für Schwächen im System. Dingen, die nicht auf Anhieb klappen, begegnet man mit Gelassenheit. Bei den Deutschen erweckt dies oft den Eindruck, dass es an Organisation mangelt und chaotische Verhältnisse entstehen. In Norwegen herrscht eine pragmatischere Einstellung: Solange etwas auch so funktioniert, kann es bleiben, wie es ist. Stellt sich ein dringender Handlungsbedarf ein, kann man es immer noch ändern.

Darüber hinaus ist das Zusammenleben durch ein hohes Maß an Personenorientierung geprägt. Persönliche Kontakte werden einem alles regelnden System vorgezogen. Die Konsequenzen der geringen Systematik in der Verwaltung können durch die Personifizierung der Beziehung kompensiert werden, also durch direkten Kontakt auf einer freundlichen und persönlichen Ebene. Wird auch die Geduld der Deutschen teilweise auf eine harte Probe gestellt, so kommt man durch ungeduldiges und unfreundliches Drängeln oder sachlich-distanzierten Schriftwechsel in Norwegen mit Sicherheit nicht zum Ziel. Sich nicht gestresst zu zeigen und sich nicht aufzuregen, ist das rechte Verhalten, um sein Ziel zu erreichen.

■ Geringes Bedürfnis nach Planung

Die norwegische Haltung zu Planung und Organisation ist geprägt von Gelassenheit und Pragmatismus. Das deutsche Bedürfnis, alle Eventualitäten im Vorfeld zu bedenken, um so möglichst wenig Risiko und viel Kontrolle über die Situation zu haben, stößt bei Norwegern eher auf Unverständnis. Zu detaillierte Pläne werden eher als eingrenzend und unnötig empfunden, da man für Eventualitäten plant, die am Ende vielleicht gar nicht eintreffen. Man legt den groben Rahmen fest und plant die Teilschritte flexibel in der konkreten Situation im kommunikativen Prozess.

Der Versuch von deutscher Seite, eine frühzeitige und detaillierte Planung zu initiieren, stößt auf norwegischer Seite auf Unverständnis und geringe Bereitschaft. Erst wenn es für den deutschen Mitarbeiter schon »fünf vor zwölf« ist, sieht man auf norwegischer Seite Handlungsbedarf. Dann gilt es in erster Linie, pragmatisch zu einer Lösung zu gelangen. Auf unerwartete Abweichungen und Probleme reagiert man mit Gelassenheit, da man nicht auf exakte Handlungsschritte fixiert ist. Dies passiert ohne intensive Analyse der Ursachen oder Fehler, stattdessen richtet man den Blick nach vorn. Der sehr hohe Qualitäts- und Perfektionsanspruch, welcher der deutschen Planung zugrunde liegt, ist hier nicht um jeden Preis gefordert, sondern nur dort, wo es unbedingt nötig erscheint. An anderer Stelle herrscht weniger der Wunsch, etwas hundertprozentig perfekt zu machen. Immer wieder wundern sich Deutsche über unsorgfältige Formatierungen oder auffällige Schreibfehler in Büchern, Dokumenten oder gar auf Schildern.

■ Unverbindlichkeit von Absprachen und Terminen

Das kurzfristige und flexible Planen führt auch dazu, dass man langfristige Absprachen und Termine entweder vermeidet oder aber als weniger verbindlich ansieht. Man möchte sich nicht »zu früh« festlegen, um hinterher nicht festgenagelt zu werden und sich die Möglichkeit zu bewahren, auf Unvorhersehbares flexibel reagieren zu können. Man lässt sich nicht gern einen Zeitplan aufzwingen. Dies gilt sowohl im beruflichen wie auch im privaten Kontext.

Im Berufsleben steht die prozesshafte Abstimmung mit den anderen Gruppenmitgliedern im Vordergrund. Man setzt keine willkürlichen Termine für die Fertigstellung eines Auftrags oder Projektes. Terminfestlegungen haben keinen Wert in sich, sondern bedürfen der überzeugenden Begründung. In Deutschland wird exakte Zeitplanung als Voraussetzung für effektives Handeln angesehen. In Norwegen ist es unwesentlich, ob das Ziel nun unbedingt heute oder auch erst morgen erreicht wird, denn man denkt weniger in engen Zeiteinheiten. Dies hängt zu einem gewissen Grad sicherlich auch mit der geringeren allgemeinen Lebensgeschwindigkeit in Norwegen zusammen. In Norwegen ist man weniger leistungsbetont, ruhiger und bedächtiger (Hornscheidt, 2005). »Ting tar tid« heißt es in Norwegen: »Dinge brauchen ihre Zeit«, und die generelle Toleranz für Verzögerungen, sei es bei der Lieferung eines Möbelstücks, eines Telefonanschlusses oder eines Arbeitsauftrags, ist hoch. Deutsche hingegen haben den Ruf zu »drängeln« und immer alles sofort fertig haben zu wollen.

Absprachen gelten nur so lange, wie die Sachlage nicht durch neue Informationen oder Erfahrungen verändert wird. Man fühlt sich nicht als »Sklave« einer einmal festgelegten Struktur. Der norwegische Begriff »omkamp« (Wiederholungsspiel) beschreibt, dass die Diskussion zu etwas schon einmal Abgeschlossenem wieder neu aufgenommen wird, wenn sich die Faktenlage verändert hat.

■ Kulturelle Verankerung von »Geringe Bedeutung von Struktur und Planung«

Dass Norwegen im gesamten Verlauf seiner Geschichte eine kleine Nation war, hat schon mehrfach Erwähnung gefunden. Im Mittelpunkt des Lebens der freien und unabhängigen Bauern standen bis zum Ende des 19. Jahrhunderts die Familie und der ländliche Hof. »Diese Siedlungsgemeinschaften waren in der Regel selbstversorgend, eventueller Profit wurde nur selten reinvestiert« (Werler, 2004, S. 40). In einer kleinen Gesellschaft, in der soziale Zusammenhänge wenig komplex und wenig formalisiert sind, ist auch die Notwendigkeit von expliziten Strukturen gering. Die engen persönlichen Beziehungen zu einem begrenzten Kreis von Menschen in einem dünn besiedelten Land machen detaillierte formelle Regeln und Kontrolle unnötig. In der vormodernen norwegischen Gesellschaft wurden sie durch soziale Kontrolle und die Drohung der sozialen Isolation ersetzt.

Auf der anderen Seite kann die gleichzeitig beobachtete Akzeptanz staatlicher Eingriffe auf gewissen Gebieten damit erklärt werden, dass das formelle System trotz der langen dänischen Fremdherrschaft immer funktioniert hat und mehr oder weniger als legitim und gerecht angesehen wurde. Dies spiegelt sich auch in den norwegischen Volksmärchen wider. In vielen Erzählungen reist der Held nach Kopenhagen, um sich mit seiner Klage gegen ungerechte Behandlung durch die Beamten an den König zu wenden, und hatte damit Erfolg. Während der fast 400 Jahre wahrenden Unionszeit mit Dänemark in Norwegen gab es weder Bauernaufstände noch Zulauf zu separatistischen Bewegungen. Politisch erfolgte von 1814 bis 1913 eine schrittweise, stabile Demokratisierung und der Ausbau des norwegischen Staatsapparates sowie eine friedliche Loslösung von Schweden. Auch die Modernisierung verlief ohne größere Konflikte, dem Faschismus und Kommunismus wurde friedlich und kompromissbereit begegnet. Im Gegensatz zu Deutschland verlief auch diese Periode fast ohne Gewalt und Stabilitätsverlust.»Jahrhunderte lang hatten große Teile der einfachen Bevölkerung [der nordischen Länder] nie das Gefühl, außerhalb des politischen Systems zu stehen« (Allardt, 1988, S. 208), und dies führte zu einer positiven Haltung gegenüber staatlichen Interventionen.

Norwegen war als Agrarwirtschaft in der Vergangenheit stark vom Primärsektor abhängig und auch nach der späten Industrialisierung ist bis heute die Fischerei nach der Erdölförderung der zweitgrößte Posten des norwegischen Bruttosozialproduktes (vgl. Meyer, 2001b). Die Witterungsbedingungen sind in weiten Teilen des Landes rau. Man war also traditionell in hohem Maße den Naturkräften ausgesetzt und befand sich als Fischer wie auch als Bauer in ständigem Wettbewerb mit der Natur und somit in Abhängigkeit von schlecht planbaren wirtschaftlichen Faktoren. Die Armut des Landes führte immer wieder zu einer Bedrohung der physischen Existenz und im 19. Jahrhundert zu einer der größten Auswanderungswellen in Europa. Aus diesem geringen Maß an Kontrolle entwickelte sich eine im Vergleich zu Deutschland fatalistische Einstellung. Planung war oft nicht möglich oder wurde kurzfristig von äußeren Faktoren über den Haufen geworfen. Stattdessen entwickelte man ein gegenwartsorientiertes Zeitverständnis, es galt, flexibel, spontan und pragmatisch zu reagieren, sobald die Bedingungen des Handelns abschätzbar waren.

Als Folge dessen und in Kombination mit dem niedrigen Grad an Komplexität in dieser kleinen Gesellschaft war Planung über lange Zeit weder notwendig noch sinnvoll. Auch die geographischen Verhältnisse des Landes, wie hohe Berge und lange Fjorde, erschwerten nicht nur Reise und Transport, sondern auch exakte Zeitplanung. Bis ins 20. Jahrhundert hinein war die Infrastruktur in weiten Teilen des Landes nur beschränkt ausgebaut und exakte Planung und Pünktlichkeit waren kaum realisierbar. Dies könnte die heute beobachtete Tendenz von Kurzfristigkeit, Unverbindlichkeit und Flexibilität bei der Terminplanung erklären, die gleichzeitig dem Bedürfnis nach Unabhängigkeit des Einzelnen Rechnung trägt.

Da Norwegen bis zur spät einsetzenden Industrialisierung in hohem Maße vom Rhythmus der Natur bestimmt wurde, könnte dies auch die Entwicklung einer variablen, an die Natur angepassten Arbeitsgeschwindigkeit gefördert haben, die sich möglicherweise bis heute in gewissem Umfang erhalten hat.

Die dörfliche Struktur bestand in Norwegen nicht aus einem Dorfplatz im Zentrum, um den sich die einzelnen Höfe reihten, sondern die Siedlungsgemeinschaft bestand aus verstreut liegenden Häusern. Der Einzelne hatte ausreichend Platz und ein hohes Maß an Unabhängigkeit, war jedoch aufgrund der Naturgegebenheiten immer wieder auf die ländliche Gemeinschaft angewiesen. Man war gern für sich allein und unterbrach nur für den schon beschriebenen »Dugnad« diese Individualität und versammelte sich zur gemeinschaftlichen Zusammenarbeit, um ein konkretes Problem zügig zu lösen. Schon hier zeigte sich die bis heute in der Strukturierung von Arbeitsabläufen spürbare »Skippertaksmentalität« (Experte). Der Ausdruck »Skippertak« entstammt der Seefahrt. Auf langen Seereisen hatte die Mannschaft in der Vergangenheit oft lange Perioden mit wenig Arbeit, jedoch umso mehr bei der Beladung, dem Auslaufen oder bei hartem Wetter, wo jeder Einzelne gefragt war. Das Gleiche galt für den Fischfang sowie für das bäuerliche Leben, wo man im Winter wenig, in Erntezeiten dafür umso mehr zu tun hatte.

◼ Kurze Charakterisierung der norwegischen Kulturstandards

◼ Soziale Gleichheit

- keine sichtbare Hierarchie in der Gesellschaft
- flache Unternehmensstrukturen

◼ Verdeckte Hierarchien

- hierarchische Unterschiede sind zwar vorhanden, autoritäres und distinktives Verhalten wird jedoch abgelehnt
- informelle Hierarchien

◼ Gruppenorientierung

- Solidarität
- Personenorientierung im Arbeitsleben, persönlicher Kontakt als Basis von Geschäftsbeziehungen
- soziale Netzwerke
- partielle Trennung von Beruf und Privatleben

◼ Harmonieorientierung

- indirekter Kommunikationsstil
- Vermeiden direkter Konfrontation, offener Konflikte und Kritik
- zurückhaltendes Zeigen von Emotionen

■ Konsensorientierung

– Beteiligung aller am Entscheidungsprozess
– Analyse der Konsensfähigkeit von individuellen Vorschlägen

■ Gleichwertigkeit von Arbeit und Privatleben

– hohe Bedeutung von Freizeit und Familie
– identifikationsstiftende Rolle der Arbeit
– Ziel ist die Balance zwischen beiden Lebensbereichen

■ Geringe Bedeutung von Struktur und Planung

– flexibler und pragmatischer Umgang mit Regeln
– prozesshafter Entwicklungsverlauf bei Entscheidungen und Vereinbarungen
– kurzfristiges Planen

■ Exkurs: Individualismus trotz Konformität

Die hohe Bedeutung der Gruppenzugehörigkeit erzwingt Konformität des Einzelnen in der Gruppe. Die Gruppe diktiert gewisse Regeln und Verhaltensnormen, denen jeder Folge zu leisten hat, und reguliert so das Verhalten ihrer Mitglieder in sozialen Situationen. Triandis schreibt über kollektivistische Kulturen: »If the family is large, a certain amount of regimentation and imposition of tightness, that is, collectivism, is inevitable to make life harmonious« (Triandis, 1995, S. 83). In Norwegen handelt es sich um Familie in einem weiteren Sinne, also um Gruppen, in denen man miteinander nach dem in Themenbereich 3 »Gruppenorientierung« beschriebenen »Familienprinzip« interagiert. Parallel dazu sind in der norwegischen Kultur jedoch auch starke individualistische Züge erkennbar, die sich insbesondere in einem starken Bedürfnis nach Unabhängigkeit ausdrücken. Die individuelle Freiheit muss sich allerdings der Gleichheitsnorm der Gruppe unterordnen. Für Deutsche ist es oftmals schwer, diese scheinbar so gegensätzlichen Zwänge in der norwegischen Kultur zu verstehen und mit ihnen umzugehen. Deshalb wird gesondert auf dieses Thema eingegangen. Diverse Verweise auf vorangegangene Kapitel ermöglichen es, ein noch tieferes Verständnis für die Situationen zu erhalten.

■ Konformität und das Bescheidenheitsideal

Norweger verhalten sich in der Öffentlichkeit stets loyal ihrer jeweiligen Gruppe gegenüber. Das bedeutet, dass man sich bezüglich gewisser Ideale und Ansichten konform zu den Gruppenmitgliedern verhält und sich nach den Regeln, Erwartungen und Beschlüssen der Gemeinschaft richtet. Bei Diskussionen und anstehenden Entscheidungen eruiert man deshalb vor der Darstellung eigener Ansichten zunächst vorsichtig die Meinungen und Gedanken der anderen (siehe Themenbereich 5 »Konsensorientierung«). Widerspricht man öffentlich der Gruppenmeinung oder zeigt dies durch sein Verhalten, wird das als Distanzierung von der Gruppe und somit als eine illoyale Handlung aufgefasst. Denn auf diese Weise hebt man sich über die Gruppe, anstatt als ein Teil von ihr und im Einverständnis mit ihr zu handeln. Es besteht dann die Gefahr, aus der Gemeinschaft ausgeschlossen zu werden. Diese Sanktion ist aufgrund der hohen Bedeutung der Gruppenzugehörigkeit für die norwegische Identität sehr wirksam. Hat man gegen die Normen verstoßen, ist die einzige Möglichkeit, wieder in die Gemeinschaft aufgenommen zu werden, Reue zu zeigen und in aller Form um Verzeihung zu bitten (»å legge seg flat«). Auf dieser Ebene des Miteinanders hat die norwegische Kultur stark kollektivistische Züge.

Das im Themenbereich 1 beschriebene Ideal der Gleichheit fordert, dass die Mitglieder einer Gesellschaft insbesondere in Hinblick auf Status und Hierarchie identisch sein sollen. In »horizontal kollektivistischen Kulturen« (Triandis, 1995), ist der soziale Zusammenhalt und die Einheit unter den Mitgliedern der Ingroup sehr wichtig. Es geht hier eben nicht um Selbstverwirklichung und Aufstieg des Einzelnen, sondern um das Wohl aller. Bescheidenheit im Auftreten und das Herunterspielen persönlicher Leistung sind zentrale Werte in der norwegischen Kultur. Auch starkes öffentliches Lob durch den Vorgesetzten kann in diesem Zusammenhang als unangenehm empfunden werden. Sich aus seiner Gruppe heraus und damit über sie zu heben, wird unter Norwegern als eine Bedrohung für die gemeinschaftliche Identität empfunden und ist deshalb mit sozialen Sanktionen belegt. Dies zeigt sich zum Beispiel an Universitäten, wo man nicht unbedingt in der Öffentlichkeit über seine Publikationen und seine wissenschaftlichen Erfolge redet, denn das wird schnell als Angeberei aufgefasst.

Diese Haltung beeinflusst insofern das Leistungsdenken, als nicht die exzellente Leistung das angestrebte Ziel ist, sondern das

Mittelmaß. Dies zeigt sich schon in der frühen Erziehung der Kinder. Bereits 1960 schrieb der Sozialpsychologe Stanley Milgram (1977) unter dem Titel »Conformity in Norway and France« über Norwegen: »Even at the level of primary education, school children are discouraged from raising their hands too often« (S. 171). Persönliche Stärken oder gar Brillanz auf einem Gebiet wird nicht thematisiert, um keine Ungleichheit zwischen den Schülern sichtbar zu machen. Der Einzelne soll sich an sich selbst messen, anstatt mit anderen zu konkurrieren. Wer mit seinen Leistungen angibt, muss damit rechnen, gemobbt zu werden. Dies wird dadurch unterstützt, dass die Notengebung erst mit dem 8. Schuljahr beginnt und es das Wiederholen einer Klassenstufe aufgrund schlechter Leistungen nicht gibt. Es wird eher akzeptiert, dass besonders gute Schüler hierbei unterfordert sind, als dass Ungleichheit in den Leistungen allzu deutlich im Vordergrund steht. Norwegische Eltern bevorzugen oft eine höhere Gewichtung der Entwicklung kollektiver sozialer Werte vor einer Begabtenförderung. Es ist wichtiger, Gemeinschaft mit der »Familie« zu symbolisieren, als seine berufliche und persönliche Tüchtigkeit zur Schau zu stellen.

In vielen Bereichen des norwegischen Arbeitslebens wird Verantwortung auf die gesamte Gruppe übertragen, es zählt in höherem Maße als in Deutschland die Gruppenleistung vor der des Einzelnen. So stellt die Übernahme einer Führungsposition den Inhaber stets vor die schwierige Aufgabe, seine neue Aufgabe auszuführen, ohne sich dabei zu weit herauszuheben und so von seinem Team zu entfernen. Wird jemand in eine Führungsposition gewählt, geschieht dies mit einem hohen Grad an Umschreibungen, so dass die egalitäre Balance nicht verrückt wird (Moen, 2003). Die offizielle Führung zu übernehmen, ist deshalb in Norwegen oft keine erstrebenswerte Position. Es ist leichter, aus einer inoffiziellen Position heraus, sozusagen als »graue Eminenz«, zu agieren (siehe auch Themenbereich 2 »Verdeckte Hierarchien«). Das betrifft nicht nur den beruflichen Kontext, sondern auch den Umgang im privaten Lebensbereich, wo Personen sich trotz ihrer herausragenden Kompetenz oft nicht gern offiziell als Leiter bezeichnen. Trotz allem mag man initiativreiche Menschen und es gibt sie zur Genüge, jedoch geht das Hervortreten aus der Gruppe nach anderen Regeln vonstatten. Es geht weniger darum, *was* man sagt oder tut, sondern vielmehr darum, *wie* bzw. in welcher Form man etwas zum Ausdruck bringt. Es gilt, die eigene Idee oder Leistung so vorzubringen, als sei dies nichts Besonderes, auch wenn im Stillen alle wissen, dass man beispielsweise selbst der Initiator für dieses geniale Projekt ist. In Norwegen glänzt man, indem man sich bescheiden gibt.

■ Das »Gesetz von Jante«

Das egalitäre Ideal fordert vom Einzelnen, sich nicht über die anderen zu erheben. Die hohe Bedeutung dieser Norm wird insbesondere durch das skandinavische »Gesetz von Jante« deutlich, das ein ganz wesentliches Element der norwegischen Identität beschreibt. »Wer anerkannt werden will, muss bescheiden bleiben« (Drolshagen, 2007, S. 86). Das »Gesetz von Jante« (»Janteloven«) ist ein Codex bestehend aus zehn Grundsätzen, die in ihrer Form den biblischen Geboten angeglichen sind. Deren zentrale Aussage lässt sich folgendermaßen zusammenfassen: Du sollst nicht glauben, dass du etwas Besonderes bist, und dir nicht einbilden, dass du besser bist als wir. Es wird deshalb auch als »Herrschaft des Mittelmaßes und der Konformität« (Henningsen, 2001) bezeichnet. Die vollständige Aufzählung der Grundsätze findet sich am Ende dieses Kapitels. Seinen Ursprung hat dieses Gesetz in dem Roman »Ein Flüchtling kreuzt seine Spur« des dänischen Dichters Aksel Sandemose aus dem Jahre 1933.

Wenn auch dieses Phänomen ebenso in anderen Kulturen anzutreffen ist, so ist es in Norwegen und in Skandinavien allgemein besonders ausgeprägt. Bricht der Einzelne die Verhaltensnorm des Understatements, indem er sich über die Gruppe erhebt, stellt er damit die soziale Gleichheit in Frage und es tritt das »Gesetz von Jante« in Kraft, das als Mittel psychischer und sozialer Kontrolle fungiert. Die Gruppe bevorzugt es womöglich sogar, den »Emporkömmling« herunterzuziehen, als dass beide Seiten einen Vorteil erringen. Eine sich heraushebende Person wird von der Gruppe mit Sanktionen belegt, die so stark sein können, dass sie bis zur sozialen Exklusion reichen. Dieses Verhalten wird nicht offen gezeigt, da es mit dem in Themenbereich 4 beschriebenen Bedürfnis nach Harmonie nicht vereinbar wäre, kann jedoch im Verborgenen unerbittlich sein.

Geschäftsbeziehungen insbesondere zu Ausländern scheitern nicht selten an diesem Konformitätsgesetz. Deutsche, die weder mit diesem Gesetz groß geworden sind noch seine Mechanismen kennen, haben es schwer, der erwarteten Bescheidenheitsnorm zu entsprechen und andernfalls mit dem unerwarteten und für sie destruktiven Mobbing zurechtzukommen. Was in Deutschland als echtes Engagement gesehen wird, wird in Norwegen leicht als Besserwisserei und übertriebenes Engagement verstanden. Wie schwierig es für einen Neuling in Norwegen sein kann, der Bescheidenheitsnorm auf akzeptable Weise zu entsprechen, verdeutlicht das folgende Beispiel.

Nach mehrjähriger Tätigkeit in der deutschen Softwareindustrie wechselt Frau Gläser in eine Anstellung nach Norwegen. Gleich zu Beginn ihres Aufenthaltes wird sie von ihrer Firma gebeten, einen Vortrag über den Status quo im Bereich der Neuen Medien in Deutschland sowie über ein von ihr mitentwickeltes Softwaretool und die daraus resultierenden Möglichkeiten für die betriebliche Anwendung zu halten, da man über die Anschaffung nachdenke. Bei der Vorbereitung zu dieser Präsentation hatte sie von kulturkundigen Freunden erfahren, dass in Norwegen Understatement und bescheidenes Auftreten wichtig sei. Bei der Präsentation gibt sie sich deshalb viel zurückhaltender, als sie das in Deutschland gewesen wäre, obwohl sie von der Qualität des Produktes natürlich voll und ganz überzeugt ist. Schon während des Vortrages hat Frau Gläser ein ungutes Gefühl, die Zuhörer wirken gleichgültig, sogar ein wenig abweisend. Auch im Anschluss geben ihr nur wenige ihrer Kollegen ein Feedback, die meisten erwähnen die Präsentation nie wieder. Frau Gläser ist enttäuscht über die Reaktionen, sie hätte sich viel mehr Begeisterung und Interesse erwartet. Umso überraschter ist sie, als das Softwaretool nach einiger Zeit tatsächlich für das Unternehmen angeschafft wird. Für sie passt das überhaupt nicht mit den Reaktionen ihrer Kollegen zusammen.

Viele norwegische Kollegen haben während des Vortrags vermutlich gedacht, dass Frau Gläser sich ein wenig zu sehr in den Vordergrund gespielt und in ihrer Begeisterung über das Vorzutragende ein wenig naiv gewirkt hat. Der eine oder andere dachte wohl auch, dass sie eine typisch deutsche Besserwisserin ist, die sich als Neuling vor die Gruppe stellt und im Brustton der Überzeugung behauptet, sie wisse, was hier gebraucht werde ... nämlich ihr Produkt. Obwohl Frau Gläser von dem Bescheidenheitskodex der Norweger wusste und sich bemüht hat, ihren Vortrag dezent zu gestalten, hat sie es nach so kurzer Erfahrungszeit in Norwegen nicht geschafft, »den richtigen Ton zu treffen«. Dies macht deutlich, dass es hierbei um sehr feine Nuancen im Verhalten geht.

Frau Gläser wurde vor eine schwierige Aufgabe gestellt. Sie ist neu, hat sich also noch keinen Status in der Gruppe erarbeiten können. In ihrer Präsentation muss sie nun über ihr ehemaliges Arbeitsfeld und über ein Produkt berichten, an dessen Entwicklung sie selbst beteiligt war. Sie hat Erfahrungen in dem Bereich, ist auf dem neuesten Wissensstand, kennt die Prozesse und wurde um ihre Meinung gebeten. Aus deutscher Sicht wäre es nur angemessen und erwünscht, wenn sie mit diesem Kompetenzhintergrund einen mitreißenden Vortrag hielte und das Produkt, wenn es denn ihrer Meinung nach tatsächlich gewinnbringend für das Unternehmen sein könnte, auch in diesem Lichte präsentiert. In Norwegen hingegen wird ein solches selbstsicheres und enthusiastisches Auftreten schnell als unangemessen und arrogant empfunden. Insbesondere bei der eigenen Leistung hat man Zurückhaltung zu wahren, um nicht als Angeber aufgefasst zu werden. Ebenso kontrolliert sind Norweger auch in der Rückmeldung anderer gegenüber: Frau Gläser sollte keine überströmende Begeisterung von ihren Kollegen erwarten, es gilt, die Gefühle zu kontrollieren und sich in aller Ruhe ein objektives Bild zu machen. Insbesondere, wenn es sich um die Anschaffung eines Produktes handelt, an dem die Kollegin beteiligt war, möchte man sich schließlich keine Voreingenommenheit nachsagen lassen. Die Aussage »Na, das war ja gar nicht so schlecht« kann ein sehr großes Kompliment und Ausdruck starken Beifalls sein. In Präsentationen vermeidet man zu starke Expressivität, die Stimme klingt eher monoton und der Körpereinsatz ist gering, das Präsentationsmaterial ist schlicht und sehr sachlich gehalten. Auf viele Deutsche wirkt diese Art der Darstellung langweilig und es fehlt ihnen die Begeisterung des Vortragenden und das Gefühl, dass er auch wirklich überzeugt ist von dem, was er sagt. Auch wenn sie die Bescheidenheit als sehr sympathisch empfinden, haben Deutsche Schwierigkeiten mit der Kehrseite der Medaille, nämlich, dass dabei Begeisterung und Enthusiasmus oft sehr stark gehemmt werden.

■ Individualismus

Die norwegische Art des Kollektivismus steht trotz allem nicht im Gegensatz zu einer spezifischen Art des Individualismus. Aus dem norwegischen Kinderbuch »Die Räuber von Kardemomme« stammt das Zitat »Man skal ikke plage andre, man skal være grei og snill og for øvrig kan man gjøre som man vil.« (»Man soll andere nicht belästigen, man soll gut und nett sein. Ansonsten darf man tun, was man möchte«). Hier wird die Trennlinie der beiden Konzepte deutlich: Solange man sich solidarisch zur Gruppe verhält und deren Verhaltensrichtlinien nicht verletzt, darf man tun, was man möchte. Diese individuelle Freiheit hat in Norwegen einen hohen Wert. Eine sehr treffende Beschreibung findet sich in diesem Zusammenhang in den Lebensaufzeichnungen eines deutschen Flüchtlings im Norwegen der 30er Jahre. Die Norweger seien individualistisch im Sinne der Persönlichkeitsstärke: Jeder Norweger ist ein Mensch für sich, und doch sind die Charaktere dieses Volkes sehr aneinander angepaßt [. . .]« (Freiländer, zit. in Meyer, 2001a, S. 106). In der kulturvergleichenden Literatur wird dieses Phänomen als »horizontaler Individualismus« bezeichnet (Triandis, 1995). Auch dies soll an einem Beispiel verdeutlicht werden.

Der seit einem Jahr in Norwegen tätige Bernd Landauer erzählt: »In meiner Abteilung herrscht ein sehr gutes Klima und ich habe den Eindruck, dass meinem Arbeitgeber ein harmonisches Verhältnis und ein guter Teamgeist unter seinen Mitarbeitern sehr wichtig ist. Zweimal jährlich fährt unsere Abteilung auf einen Workshop, auf dem neben Arbeitsthemen auch Teambuildingübungen im Mittelpunkt stehen. Neben dem offiziellen Programm haben die Mitarbeiter die Möglichkeit, ihre Freizeit selbst zu gestalten. Während eines Seminars im Winter beschloss ein Großteil meiner Kollegen Ski zu fahren, da die Umgebung dazu einlud. Obwohl ich kein sehr guter Skifahrer bin, schloss ich mich ihnen an, schließlich ist es nett, auch einmal Freizeitaktivitäten mit den Kollegen zu unternehmen. Nach kurzer Zeit jedoch war die Gruppe aufgelöst und die Kollegen fuhren mir kilometerweit davon. Ich war enttäuscht und ein wenig genervt über dieses unhöfliche Verhalten. Das ist doch überhaupt kein Gemeinschaftserlebnis mehr, wenn einfach jeder allein vor sich hinfährt.« Besonders verwirrt ist er über dieses Verhalten, weil es seiner Meinung nach überhaupt nicht zu seinen sonst so gruppenorientierten norwegischen Kollegen passt.

Hier zeigt sich an einem »banalen« Beispiel das Zusammenspiel zwischen Gruppenorientierung und Individualismus. Für seine Kollegen ist hier in erster Linie wichtig, dass im Freizeitteil der Tagung jeder seinen individuellen Bedürfnissen und seinem eigenen Tempo gerecht wird. So kann man die Ruhe und Stille der Natur besonders gut genießen. Ein gemeinschaftsförderndes Gruppenverhalten durch die Rücksichtnahme auf die unterschiedlichen Leistungsniveaus macht hier keinen Sinn und würde auch nicht erwartet werden.

In einigen Bereichen zeigen die Norweger also stark individualistisches Verhalten. Unabhängigkeit, Selbstbestimmung und Eigenverantwortung sind grundlegende Werte, die an die Identität des Einzelnen geknüpft sind. Man ist freiheitsliebend und daran gewöhnt, einen gewissen Raum für sich alleine zu haben. Raum, den man in dem flächenmäßig der Bundesrepublik entsprechenden Land mit einer Bevölkerungszahl vergleichbar der Stadt Hamburg mit Umland immer finden kann. Das Unabhängigkeitsbedürfnis zeigt sich sowohl auf der Ebene des einzelnen Individuums als auch auf anderen Ebenen, zum Beispiel der Politik, wie die norwegische Zurückhaltung hinsichtlich eines EU-Beitritts zeigt. Man möchte nicht, das andere über einen bestimmen. Junge Menschen sind von Beginn ihres 18. Lebensjahres an finanziell unabhängig von ihren Eltern, da die weitere Ausbildung über einen staatlichen Kredit finanziert wird, und diese frühe Unabhängigkeit wird in der Erziehung durch die Eltern gefördert. Im Arbeitskontext zeigt sich der Individualismus besonders in der Wichtigkeit des Einzelnen in der flachen Hierarchie: Jeder Mitarbeiter ist sich seines Wertes als Einzelner bewusst und möchte diesen auch spüren. Jeder trägt mit seiner Position etwas bei, und zwar selbstständig und mit eigenem Entscheidungsspielraum, und lehnt zu starke Vorgaben oder Kontrollen durch den Vorgesetzten ab (siehe hierzu Beispiel 19). Bei all diesen individualistischen Tendenzen wirken Norweger jedoch auf Deutsche sehr angepasst, denn diese Tendenzen sind nur dort sichtbar, wo man nicht von den Normen der Gruppe abweicht.

Betrachtet man die Geschichte Norwegens, zeigt sich, dass das norwegische Volk über Jahrhunderte hinweg weit verstreut in bescheidenen Lebensumständen und in großer Entfernung zur Staatsmacht lebte. Die starke Abhängigkeit der Mitglieder untereinander erforderte eine gute Integration des Einzelnen in die Gruppe und die Pflege dieser Beziehungen. Eine Entfremdung von den Dorfmitgliedern hätte hingegen große Nachteile mit sich gebracht; man war aufeinander angewiesen und brauchte jeden Einzelnen. Diese Gegebenheiten boten gleichzeitig einen Nährboden für eine starke soziale Kontrolle. Man durfte sich nicht aus der Gruppe herausheben oder mit seinen Leistungen allzu sehr im Mittelpunkt stehen.

Im norwegischen Märchen ist der »Askeladd« (der Aschenkerl) eine wichtige Figur. Er stammt aus armen Verhältnissen und scheint zunächst unbrauchbar und erfolglos. Am Ende jedoch schafft er es mit Glück und Beharrlichkeit, die anderen – die zunächst als weit überlegen dastehen – zu überflügeln. Dies illustriert die norwegische Überzeugung, dass diejenigen, die sich und ihre Leistungen hervorheben, nicht immer auch wirklich die Besten sind und dass Fähigkeit sich durch Taten und nicht durch Worte zeigt.

Trotz der starken gegenseitigen Abhängigkeit der Menschen im früheren Norwegen brachte das Leben als selbstständiger Bauer und Fischer gleichzeitig eine hohe Unabhängigkeit mit sich. In dem lang gestreckten, dünn besiedelten Land war der Einzelne es gewohnt, eigenen Landbesitz oder ein eigenes Boot zu besitzen und somit eine Privatsphäre ungestört von der Einmischung anderer beanspruchen zu können. Um in der Begegnung mit der Natur zu überleben, musste man sich als Individuum ungeachtet des Gruppenfokus auf sich selbst verlassen. In diesen Verhältnissen der traditionellen norwegischen Bauern- und Fischergesellschaft kann der Ursprung dafür gesehen werden, dass Unabhängigkeit und Selbstständigkeit starke norwegische Werte sind, die an die Identität des Einzelnen geknüpft sind und ihm Status verleihen. In dem sich im 19. Jahrhundert in Norwegen vollziehende »nation-building«-Prozess waren Souveränität (»selvråderett«) und der freie, landbesitzende Bauer die zentralen Symbole (Moen, 2003).

Auch der pietistisch-protestantische Glaube stellt eine Grundlage für die norwegische Ausprägung des Individualismus dar. Seine Lehre geht davon aus, »dass es auf das persönliche Verhältnis zu Gott ankomme, ein Verhältnis, dass nicht von der Hierarchie der Kirche oder den Machtstrukturen der Gesellschaft bestimmt [wird]« (Köhn, 2005, S. 107). Der sich zu Beginn des 19. Jahrhunderts aus dem Pietismus entwickelnde, auf Hans Nilsen Hauge zurückgehende Hauganismus bestärkt das Individuum noch stärker in seinem eigenen Wert und in der Überzeugung, allein zurechtzukommen.

Das norwegische Unabhängigkeitsbedürfnis zeigte sich auf der Ebene der einzelnen Person wie auch im norwegischen Verhältnis zum Ausland. Nach der 500-jährigen Periode unter Fremdherrschaft ist das Bedürfnis nach nationaler Unabhängigkeit groß. Als aktuellstes Beispiel zeigte sich dies in Verbindung mit der Argumentationsweise Norwegens in der EU-Frage, durch die der extreme Fokus auf aformale Selbstständigkeit deutlich wird (siehe hierzu das Kapitel »Überblick über die norwegische Geschichte«).

Das Gesetz von Jante (»Janteloven«)
1. Du skal ikke tro du er noe.
2. Du skal ikke tro du er like meget som oss.
3. Du skal ikke tro du er klokere enn oss.
4. Dun skal ikke innbille deg at du er bedre enn oss.
5. Du skal ikke tro du vet mer enn oss.
6. Du skal ikke tro du er mer enn oss.
7. Du skal ikke tro du duger til noe.
8. Du skal ikke le av oss.
9. Du skal ikke tro noen bryr seg om deg.
10. Du skal ikke tro du kan lære oss noe.

Übersetzung ins Deutsche:

1. Du sollst nicht glauben, dass du etwas bist.
2. Du sollst nicht glauben, dass du genauso viel bist wie wir.
3. Du sollst nicht glauben, dass du klüger bist als wir.
4. Du sollst dir nicht einbilden, dass du besser bist als wir.
5. Du sollst nicht glauben, dass du mehr weißt als wir.
6. Du sollst nicht glauben, dass du mehr bist als wir.
7. Du sollst nicht glauben, dass du zu etwas taugst.
8. Du sollst nicht über uns lachen.
9. Du sollst nicht glauben, dass irgendjemand sich um dich bekümmert.
10. Du sollst nicht glauben, dass du uns etwas beibringen kannst.

■ Überblick über die norwegische Geschichte

Kulturelle Besonderheiten lassen sich oft besonders gut aus der Geschichte der jeweiligen Nation heraus verstehen, da sie sich über Jahrhunderte entwickelt haben, durch einschneidende Begebenheiten geprägt wurden und sich im Laufe der Zeit den Rahmenbedingungen ihrer jeweiligen Umwelt anpassten. Ausgehend davon stellt Schroll-Machl (2002, S. 38) fest: »Wie man einen Menschen besser versteht, wenn man seine Biographie kennt und weiß, was ihn im Positiven und im Negativen geprägt hat oder was ihm als besonderer Erfolg geglückt oder als besonderes Trauma widerfahren ist, so erscheint auch ein Volk hinsichtlich seiner herausstechenden Eigenschaften in einem helleren Licht, wenn man seine Geschichte betrachtet.« Infolgedessen ist es sinnvoll, den Zugang zu einer Kultur und dem Verständnis ihrer charakteristischen Eigenschaften über die Betrachtung ihrer Geschichte und besonders prägender Epochen zu suchen. Wie ist die norwegische Kultur zu der geworden, wie sie heute erfahren wird, was hat dieses Land geprägt? Im Folgenden wird ein Überblick über bedeutende Ereignisse und Entwicklungen in der norwegischen Geschichte gegeben, wobei besonders diejenigen Ereignisse und Phasen der norwegischen und der gemeinsamen deutsch-norwegischen Geschichte thematisiert werden, die für das Verständnis der sieben Kulturstandards bedeutsam sind.

■ Die Wikingerzeit bis 1349

»Norweg«, der Weg nach Norden, war im ersten Jahrtausend n. Chr. von den Nordgermanen bevölkert. Sie entwickelten schon früh eine ausgeprägte Seefahrer- und Handelskultur mit Handels- und Kriegsschiffen, die die schnellsten und technologisch fortschrittlichsten der damaligen Zeit waren. Viele Wissenschaftler betrachten den Angriff der Norweger auf das englische Kloster Lindisfarne im Jahre 793 n. Chr. als den Beginn der Wikingerzeit. Der Ausdruck stammt vom norwegischen Verb »å dra i viking«, was soviel bedeutet wie plündern, und verlieh dieser ersten wichtigen Epoche der norwegischen Geschichte ihren Namen. Die Wikinger, die oft als reine Seeräuber und Plünderer bezeichnet werden, traten in Wirklichkeit gleichermaßen als Händler, Forscher und Staatengründer auf. Weite Gebiete wurden erobert oder erschlossen – wie die atlantischen Inseln Island, Grönland, Shetland und Faröer und darüber hinaus Irland, England, die Normandie und Siedlungen in Nordamerika.

Im Jahre 872 wurde Norwegen zum ersten Mal durch Harald Schönhaar zu einem Reich geeint. Das Land war weit gestreckt und dünn besiedelt, weshalb es keine ökonomische Grundlage für einen Adel von europäischem Ausmaß gab. Der König stützte seine Macht in hohem Maße auf Allianzen mit den Bauern in den verschiedenen Regionen. Jeder Hof war verpflichtet, Soldaten zu stellen. So war das norwegische Reich in der Lage, eine für seine geringe Bevölkerungszahl sehr große Streitmacht zu mobilisieren. 1066 endete die Periode der Wikinger mit einem fehlgeschlagenen norwegischen Angriff auf London und der Schlacht bei Hastings gegen William den Eroberer. »Von nun an standen sich mittelalterliche Königreiche gegenüber, die auf Grenzsicherung achteten und dynastischen Verbindungen verpflichtet waren« (Austrup u. Quack, 1997, S. 21 f.).

Im Mittelalter erlebte Norwegen seine kulturelle, wirtschaftliche und machtmäßige Blütezeit an Europas Peripherie. Es entwickelte sich zu einer immer stärkeren Territorialmacht und im 13. Jahrhundert hatte Norwegen seine größte Ausdehnung.

Allmählich entwickelte sich ein ausgedehnter Handel mit Fisch im Austausch gegen Getreide zum Kontinent. Da Norwegen aufgrund steigender Bevölkerungszahlen auf diese Getreideimporte aus dem Ostseeraum angewiesen war, hatte es eine schlechte Ausgangsposition gegenüber der in dieser Zeit erstarkenden Hanse. Die hanseatischen Kaufleute erzwangen für den

Zugang zum Getreide wirtschaftliche Vorteile und politische Zusagen. Die Hanse eröffnete ein Kontor in Bergen, erlangte das Handelsmonopol über das gesamte südlich von Bergen liegende Ausland sowie Exterritorialität. Sie waren folglich nicht dem norwegischen Recht unterstellt, und die norwegischen Könige hatten der Macht der Hanse nichts entgegenzusetzen. Die Spuren, die die Hanse hinterließ, kann man sowohl in der Gestalt des »Deutschen Kai« in Bergen sowie sprachlich in den Dialekten in Bergen und Umland entdecken.

■ Territoriale Einheit unter fremder Herrschaft (1349–1814)

Es war auch eine Hansekogge, die im Jahre 1349 die Pest nach Norwegen brachte. Die Pest reduzierte die Bevölkerung um zwei Drittel und fast die gesamte weltliche sowie große Teile der geistlichen Elite starben aus. Die selbstständige Aufrechterhaltung der Staatsmacht war nun ernsthaft gefährdet. Das norwegische Reich trat in eine turbulente Periode wechselnder Personalunionen mit Schweden und Dänemark ein. Nach dem Zusammenbruch der Kalmarer Union (1397–1450) endete Norwegen in einer dauerhaften Union mit Dänemark bis zum Jahre 1814.

Zunächst verlor Norwegen 1450 seinen Status als selbstständiges Königreich und wurde dänische Provinz. Die katholische Kirche mit ihrem großen Landbesitz und der päpstlichen Legitimität war die einzige Organisation in Norwegen, die einen gewissen Grad an Unabhängigkeit vom König in Kopenhagen besaß. Folglich verlor Norwegen mit der Reformation, die das Land im Jahre 1536 von Dänemark aus erreichte, mit den katholischen Bistümern auch die letzte Organisation, die ein Gegengewicht zur Macht des Dänenkönigs darstellen konnte. In Folge einer Reihe von Kriegen im Norden musste das Königreich Dänemark-Norwegen im Laufe der Zeit Teile seines Territoriums an Schweden abtreten. Nachdem im Jahre 1751 mit Schweden Frieden geschlossen war, blieb das norwegische Territorium allerdings abgesehen von der fünfjährigen deutschen Okkupation im 20. Jahrhundert stabil. So gesehen war das heutige norwegische Kerngebiet in der gesamten Geschichte so gut wie unberührt von fremden Mächten.

Trotz der dänischen Oberhoheit konnte man eine selbstständig funktionierende Zentralverwaltung aufrechterhalten, denn Norwegen war klimatisch bedingt einen Großteil des Jahres von Dänemark abgeschnitten. Der König in Kopenhagen wurde jedoch von den Norwegern im Großen und Ganzen als legitim angesehen. Während der fast 400 Jahre währenden Unionszeit mit Dänemark gab es in Norwegen weder Bauernaufstände noch Zulauf zu separatistischen Bewegungen. Dänemark-Norwegen war trotz der Einführung des Absolutismus einer der frühen europäischen Rechtsstaaten.

Wirtschaftlich erlebte Norwegen im 16. Jahrhundert einen Aufschwung. Die Bevölkerung wuchs, der Handel blühte und als Seefahrernation konzentrierte man sich auf den Fischfang. Der Wendepunkt hin zur norwegischen Selbstständigkeit kam von außen. Dänemark-Norwegen musste in den napoleonischen Kriegen auf Seiten der französischen Feldherren kämpfen. Nach der Niederlage Napoleons wurde Norwegen 1814 im Frieden von Kiel an Schweden abgetreten. Da sich aber das schwedische Heer noch immer auf dem Kontinent befand, nutzte man die Atempause zur nationalen Erhebung und für den Versuch einer norwegischen Unabhängigkeit.

◼ Die schwedisch-norwegische Personalunion (1814–1905)

Gegen die Bedingungen des Friedensvertrages regte sich in Norwegen schnell Widerwillen, der mit der Einführung des Stimmrechts und der Einberufung einer Wahl zur Nationalversammlung Form annahm. Das norwegische Grundgesetz wurde am 17. Mai 1814 (heute noch Nationalfeiertag) verabschiedet. Es entsprach dem demokratischen Zeitgeist, der sich in der französischen, amerikanischen und holländischen Verfassung ausdrückt. Das norwegische Grundgesetz ging aber noch weiter und war damit zu jener Zeit hinsichtlich seines Wahlrechtes das demokratischste Europas (vgl. Meyer, 2001b). Es berücksichtigte als Grundprinzip die Gewaltenteilung und gilt mit geringfügigen Änderungen bis heute. Prinz Frederik von Dänemark wurde zum norwegischen König gewählt und das Land erlebte eine kurze Zeit der Souveränität. Jedoch hatte Norwegen dem schwedischen Heer, das bald nach der Rückkehr vom Kontinent angriff, nicht viel entgegenzusetzen. Nach einem kurzen Krieg gegen Schweden ging man einen Kompromiss mit dem schwedischen König ein: Norwegen wurde der schwedischen Krone unterstellt, diese respektierte aber die Verfassung. Schweden-Norwegen wurde so zu zwei separaten Staaten mit einem gemeinsamen König, gemeinsamer Außenpolitik und zwei Regierungen mit Sitz in Stockholm.

Norwegen war zu Beginn der Union mit Schweden ein vergleichsweise armes Land, dessen Ökonomie auf Fischfang und Landwirtschaft basierte und das keine nennenswerte Industrialisierung vor dem Beginn des 20. Jahrhunderts erfuhr. Importeinnahmen erhielt man durch den Verkauf von Fisch und Holz und auch die Schifffahrt expandierte. Im Gegensatz zum Kontinent gab es so gut wie keine großen Landgüter und wie schon zur Wikingerzeit war die Landwirtschaft, speziell im Vestlandet, geprägt durch selbstständige Bauern mit eigenem Landbesitz. Die zu dieser Zeit herrschende Armut belegt auch die Tatsache, dass Norwegen nach Irland gemessen an der Bevölkerung die größte Auswanderungsrate in die USA hatte, bei einem gleichzeitig raschen Bevölkerungsanstieg.

Im Laufe des 19. Jahrhunderts wurde die Zentralmacht schrittweise ausgebaut. Die nationalistischen und liberalen Strömungen wurden von einer staatlichen und bürgerlichen Elite (Beamten und Bürgertum) gefördert und führten zu einer immer stärkeren Entwicklung von nationalem Bewusstsein und Zusammenhalt. Von nun an wurde »das, was man von da an als typisch norwegisch auffasste, in stärkerem Maße betont« (Meyer, 2001b, S. 118). Diese nationalromantische Periode des »nation building« »charakterisiert den Prozess der gesellschaftlichen Integration in einen Nationalstaat« (Werler, 2004, S. 44) und brachte eine kulturelle Blütezeit hervor. Eine Rückbesinnung auf die

Wikingerzeit und deren Sagen genügte, um eine Quelle für einstige Größe und einen gemeinsamen Ursprung zu finden, auf den man mit Stolz zurückblicken konnte. Mit einer eigenen bürgerlichen Nationalliteratur (u. a. Ibsen, Bjørnson), Volksmärchen, nationalromantischer Musik (Grieg) usw. wurde der Name »Norwegen« als Kulturnation ins öffentliche Bewusstsein gerufen. Der norwegische Bauer und sein Leben im Bund mit der Natur wurden stark idealisiert und die klassisch-humanistische Bildung nach und nach zu Gunsten »nützlicherer« Fähigkeiten und Wissen um die »eigene Geschichte« verdrängt.

Obgleich der von der Elite durchgeführte »nation-building«-Prozess in weiten Teilen sehr erfolgreich war, traf er auf einen gewissen Widerstand an der Peripherie, hauptsächlich im Vestlandet. Dieser äußerte sich religiös in Form von antisäkularen Erweckungsbewegungen und kulturell in Form von Abstinenzbewegungen und der Entwicklung des »nynorsk«, der norwegischen Schriftsprache, die auf bäuerlichen Dialekten basiert. Das Antizentrale, Antistädtische und Antibürgerliche erhielt nachhaltig Ausdruck durch die sozialliberale Partei »Venstre« und das Antisäkulare durch ein aktives christliches Organisationsleben. Spuren dieser Gegenkulturen findet man bis heute in Missionsorganisationen und einer regionenspezifischen Religiosität. Der Widerstand gegen die Mitgliedschaft in der EU ist auch in den Regionen Norwegens stärker, wo einst die Gegenkulturen eine starke Position hatten.

Politisch kam es nun zu einem schrittweisen Konflikt mit dem schwedischen König. Die Machtverteilung, die ursprünglich gedacht war, um eine königliche Manipulation des Parlaments durch die Regierung zu verhindern, wurde nach und nach als eine Beschränkung der parlamentarischen Macht gesehen. Nach einem langen Konflikt um die Anwesenheitspflicht der Minister im Parlament und einem Urteil des Reichsgerichtes musste der König schließlich die Einführung des Parlamentarismus akzeptieren, der seit 1884 Staatsform in Norwegen ist. Da dieser Vorgang ohne formale Änderung des Grundgesetzes vor sich ging, ist Norwegens Staatsform bis heute formal verfassungswidrig. Dies wurde jedoch sehr pragmatisch gehandhabt, indem man den Parlamentarismus als »konstitutionelle Gewohnheit« definierte. Der Sitz der Regierung war von nun an in Christiania, dem späteren Oslo, und die Zusammenführung von Parlament und Regierung hatte eine gestärkte politische Manövrierfähigkeit Norwegens zur Folge. Da man einen zunehmenden Interessenkonflikt mit Schweden voraussah, wurde ein starker Ausbau von Heer und Flotte vorgenommen, so dass Norwegen zur Wende ins 20. Jahrhundert eine der modernsten Streitmächte der Welt besaß.

■ Die Unabhängigkeit

Das ständig angespannte Verhältnis zwischen Norwegen und Schweden spitzte sich im Zusammenhang mit dem seit 1860 bestehenden Konsulat-Streit zu. Norwegen wünschte sich eigene Botschaften und Konsulate, der Schwedenkönig Oskar II. lehnte dies jedoch in unzähligen Verhandlungen immer wieder ab, so auch am 27. Mai 1905.»Da setzte Norwegens Ministerpräsident Christian Michelsen einen lang gehegten schlauen Plan in die Tat um: Er trat mit der ganzen Regierung zurück. Gelang es dem König jetzt nicht, eine neue Regierung einzusetzen, stand Norwegen ohne konstitutionelle Königsmacht da. Und wo kein gemeinsamer König, da keine Union!« (Brömmling, 2005). Am 7. Juni erklärte man die Personalunion einstimmig als aufgelöst. Um die Legitimität zu sichern, wurde eine Volksabstimmung durchgeführt, mit dem Ergebnis einer überwältigenden Stimmenmehrheit für die Selbstständigkeit.

Schweden verweigerte zunächst die Anerkennung und die Armeen beider Länder wurden mobilisiert. Schweden suchte nach Verbündeten und hoffte auf die militärische Unterstützung des deutschen Kaisers Wilhelm II. Dieser hatte keine spezielle Sympathie für die Separatisten, jedoch enge Verbindungen zu Schweden. Trotzdem traf er eine der wichtigsten Entscheidungen in der Geschichte Norwegens: Er tat gar nichts. Hierfür werden von den Historikern zwei Gründe angeführt: Der Kaiser reiste seit vielen Jahren in den Sommermonaten nach Norwegen und hatte so eine Beziehung zu Land und Leuten aufgebaut. Das zeigte sich auch anlässlich der Zerstörung der Stadt Ålesund durch Feuer im Jahre 1904, als er deutsche Handwerker und Architekten samt Baumaterial gen Norden sandte und den Wiederaufbau maßgeblich finanzierte. Zum Zweiten galt es für die europäischen Großmächte zu Zeiten der Marokkokrise, vorsichtig zu agieren. »Dazu passte es kaum, sich militärisch in die Interna eines skandinavischen Reiches einzumischen« (Brömmling, 2005). So wurde schließlich nach einer zweiten Volksabstimmung über die zukünftige Staatsform die Fortführung der Monarchie beschlossen und Prinz Carl von Dänemark zu König Haakon VII. von Norwegen gewählt. Mit diesem Namen wurde an das Königsgeschlecht in Norwegens Großmachtzeit und den letzten norwegischen König des Mittelalters angeknüpft.

In den ersten Jahrzehnten nach der Ablösung blühte der Nationalismus auf. Man wollte die eigene Bedeutsamkeit unter Beweis stellen, unter anderem durch die Ausweitung des Territoriums und durch Expeditionen im Geiste der Wikinger, etwa über das Grönlandeis und zum Südpol. Diese Politik, die »Eismeerimperialismus« genannt wurde, diente vor allem der Steigerung des Selbstbewusstseins. Bei dem Versuch, Besitztümer zurückzufordern, die man in die dänisch-norwegische Union eingebracht hatte, kam es zu erheblichen Spannungen mit Dänemark. Norwegen besetzte schließlich Ost-Grönland, musste sich jedoch nach einem Schiedsspruch des Ständigen Internationalen Gerichtshofes in Den Haag wieder zurückziehen, da die Ansprüche Dänemarks bestätigt wurden.

Norwegen hatte enge Handelsbeziehungen zu den europäischen Großmächten und hatte außerdem in Verbindung mit den Napoleonischen Kriegen die schmerzhafte Erfahrung gemacht, nur ein kleines Land im Spiel der Großmächte zu sein. Als der Erste Weltkrieg ausbrach, wählte Norwegen folglich die bewaffnete Neutralität.

Die begonnene, aber erst nach dem Krieg massiv einsetzende Industrialisierung leitete eine Periode zunehmender Klassenkonflikte in Norwegen ein. Jedoch waren diese weit gemäßigter als in anderen Ländern Europas. Der König agierte eher als eine unpolitische, vereinigende Figur. Zu Beginn der 30er Jahre kam es zum Bruch der Norwegischen Arbeiterpartei mit Moskau. Im Jahre 1935 erhielt Norwegen die erste sozialistische Regierung der Welt.

■ Wirtschaft 1905–1945

Um 1900 war Norwegen ein relativ armes Land. Die Landwirtschaft war geprägt von kleiner, ineffektiver Bewirtschaftung und die Industrialisierung war im Vergleich zu anderen europäischen Ländern noch nicht weit fortgeschritten. Die nun folgende Mechanisierung der Landwirtschaft führte zu einer Freisetzung von Arbeitskräften, die in anderen Bereichen eingesetzt werden konnten, zum Beispiel beim Ausbau der Wasserkraftwerke. Diese erste Phase der Industrialisierung wurde mit Hilfe ausländischer Technologie und ausländischem Kapital, insbesondere von Seiten Deutschlands und Großbritanniens, vorangetrieben. Erste deutsche Firmen gründeten aufgrund der zunehmenden Exporte nach Norwegen Tochterfirmen im Land. Zu Beginn der 30er Jahre war Norwegen verhältnismäßig stark von der Wirtschaftsdepression betroffen, erlebte jedoch anschließend bis zum Zweiten Weltkrieg ein starkes wirtschaftliches Wachstum. Bei Kriegsbeginn war die Industrialisierung immer noch nicht vollendet, aber das Bruttonationaleinkommen pro Kopf war nun auf gleicher Höhe mit Schweden.

Das norwegische Volk war damals wie heute westlich, in Richtung Amerika und England, orientiert, und die norwegische Elite pflegte intensive Kontakte nach Deutschland. In der ersten Hälfte des 20. Jahrhunderts war der deutsche Einfluss auf die norwegische Wirtschaft, Wissenschaft, Kunst und Kultur immens. Bis 1920 etwa absolvierten ungefähr die Hälfte der norwegischen Ingenieure ihre Ausbildung an deutschen Universitäten. Als Fremdsprache war Deutsch gleichbedeutend, wenn nicht wichtiger als Englisch.

■ Deutsch-norwegische Beziehungen: Die Besatzungszeit (1940–1945)

Der Zweite Weltkrieg und die deutsche Besatzung sind sehr stark im norwegischen Bewusstsein verankert. Norwegen vermochte im Krieg noch einmal auf Neutralität zu setzen, obwohl es politisch dem Westen zugewandt war. Jedoch war die Möglichkeit, die Neutralität zu verteidigen, nicht mehr vergleichbar mit der Situation zwanzig Jahre zuvor, denn nach dem Ersten Weltkrieg war die Armee, insbesondere bedingt durch die Depression, nicht modernisiert worden.

Zweck der deutschen Invasion Norwegens im Jahre 1940 war zum einen die Sicherung des Zugangs zum Atlantik, der reichen Erzvorkommen und zum anderen der eisfreie nordnorwegische Hafen Narvik, von dem aus der Rohstoff verschifft werden konnte. Die norwegische Armee war nicht mobilisiert und, wie sich zeigte, auch nicht sonderlich kampfwillig. Der bewaffnete Widerstand, den es zu Beginn gab, beruhte nur auf individuellen Initiativen. So war zum Beispiel die Tatsache, dass die Regierung, der König und die Goldreserven der norwegischen Bank gerettet und nach England gebracht werden konnten, der Entschlossenheit eines einzelnen Soldaten zu verdanken und ist ein gutes Beispiel für die norwegische Eigenständigkeit: Auf eigene Initiative und ohne die Genehmigung seiner Vorgesetzten machte dieser die Festung Oscarsburg »klar zum Angriff« und es gelang ihm, das deutsche Kriegsschiff »Blücher« im Oslofjord zu versenken. Somit war der König gewarnt und hatte Zeit zu fliehen. Die Kriegshandlungen dauerten nur wenige Wochen, dann wurde der Widerstand aufgegeben.

Der Alltag unter der deutschen Besatzung war geprägt von politischer Unterdrückung, Diskriminierung und Nahrungsmittelknappheit. Etwa die Hälfte der 1300 Juden im Land wurden in Vernichtungslagern getötet. Die Provinzen Finnmark und Troms wurden in Erwartung der vorrückenden Russischen Armee niedergebrannt. Zum Ende des Krieges mehrten sich die Konflikte und die Anzahl der Sabotageakte nahm zu. Es baute sich ein starker Hass im Volk auf, wenngleich die Norweger von den deutschen Besatzern im Vergleich zu anderen Ländern den Umständen entsprechend gut behandelt wurden. Der Grund für diese Sonderbehandlung kann darin liegen, dass die nationalsozialistische Führung die Norweger der arischen Rasse zurechnete. So war Norwegen auch das besetzte Land, in dem die Lebensborn-Stiftung am aktivsten war.

Politisch hatte sich Norwegen während der Besatzungszeit gespalten und agierte von zwei Seiten: Offiziell kooperierte man, in erster Linie aus pragmatischen Gründen, denn man wollte die Wirtschaftskraft des Landes erhalten. Sowohl der Staatsapparat (Polizei und Verwaltung) als auch die Wirtschaft arbeiteten im Großen und Ganzen gut mit der Besatzungsmacht zusammen und kein Land trug gemessen an der Einwohnerzahl mehr zur deutschen Kriegskasse bei als Norwegen. Die Auslandsfront, die von der Exilregierung in London geleitet wurde, leistete mit allen ihr verfügbaren Mitteln Widerstand. Zieht man in Betracht, dass Norwegen die drittgrößte Handelsflotte der Welt besaß, war das nicht von geringer Bedeutung. Mit dieser doppelten Politik hoffte man den Niedergang der Wirtschaft zu verhindern und gleichzeitig die Legitimität bei den Alliierten zu behalten.

Eine Reihe von Projekten, die vor dem Krieg von den norwegischen Behörden in Planung genommen worden waren, etwa der Ausbau von Eisenbahnen, Straßen, Flugplätzen und Wasserkraft, wurde unter deutscher Leitung weitergeführt. Es wurden also nicht die gesamten konfiszierten norwegischen Staatseinnahmen für Kriegsausgaben verwendet.

■ Deutsch-norwegische Beziehungen nach 1945

Nach dem Krieg wurden 50.000 Norweger wegen Landesverrats verurteilt. Wenn auch im juristischen Sinne unschuldig, galt zum Beispiel ein Liebesverhältnis mit einem feindlichen Soldaten als moralisch besonders verwerflich. Viele der zwischen 30.000 und 50.000 so genannten »Deutschenfrauen« wurden diskriminiert, teilweise ungesetzlich interniert oder des Landes verwiesen (Meyer, 2005). Die Kinder von deutschen Soldaten und norwegischen Müttern wurden vielfach zur Adoption freigegeben (Maerz, 2005). Über dieses Kapitel wurde in Norwegen lange geschwiegen, es rückt jedoch in den letzten Jahren immer stärker in die öffentliche Diskussion.

Als deutsche Offiziere im Jahre 1960 an einem NATO-Treffen in Oslo teilnehmen sollten, kam es zu großen Demonstrationen. Das illustriert den Hass, der durch die fünf Jahre Besatzungszeit ausgelöst worden war. Das Bild von Deutschland und den Deutschen war noch immer sehr stark durch die Erlebnisse im Krieg geprägt. Die Kriegsjahre waren die einzige Periode in der Geschichte mit nachhaltigen und intensiven, aber eben auch stark belastenden Begegnungen zwischen Deutschen und Norwegern. Das in Norwegen viel zitierte Bild des Aufeinandertreffens des norwegischen Fischers mit dem deutschen Offizier in Uniform macht den Kontrast zwischen beiden Kulturen deutlich und ist eine Quelle für die Entwicklung bis heute lebendiger Vorurteile. Als deutsche Werte werden noch immer Ordnung und Preußendisziplin angesehen und Bemerkungen oder Witze über Krieg und Nationalsozialismus sind im Gespräch mit Deutschen nicht ungewöhnlich.

In der Nachkriegszeit gab es zunächst so gut wie keine politischen Beziehungen zwischen Deutschen und Norwegern. Erst unter Willy Brandt, der von 1948 bis 1980 mit einer Norwegerin verheiratet war, intensivierte sich die Zusammenarbeit zwischen beiden Ländern. Heute ist Deutschland einer der wichtigsten Handelspartner Norwegens.

■ Norwegen nach 1945

Nach dem Krieg wurde die norwegische Neutralitätspolitik mit dem Eintritt in die NATO und dem Empfang der Marshall-Hilfe aufgegeben. Bis zum Fall der Mauer war die norwegische Außenpolitik stark von der Furcht vor der Sowjetunion und einer engen Verbindung zu den USA geprägt. Die Erfahrung des Zweiten Weltkrieges hatte eine politische und kulturelle Einigung des Landes zur Folge und die nationale Einheit war stärker als jemals zuvor.

Nachdem die erste Regierung nach der Besatzungszeit noch eine Sammlungsregierung war, folgten zwanzig Jahre mit einer sozialdemokratischen Mehrheit (»Arbeiderpartiet«). Diese Periode wird von norwegischen Historikern als »Arbeiterpartei-Staat« bezeichnet und führte zu einer Stärkung der Rechte der Arbeiter in den Verhandlungen zwischen Wirtschaft, Gewerkschaften und Staat. Über die gesellschaftlichen und politischen Schichten hinweg entwickelte sich, teilweise auf nationalistischer

Grundlage und durch die vereinende Idee der Nation, eine starke politische und wirtschaftliche Solidarität. Aus deutscher Sicht sind im Grunde nahezu alle norwegischen Parteien sozialistisch oder sozialdemokratisch.

Die Nachkriegsjahre waren von stetigem Fortschritt in der norwegischen Wirtschaft gekennzeichnet. Die starke sozialdemokratische Orientierung in der norwegischen Politik hatte nicht nur eine arbeitnehmerfreundliche Wirtschaft zur Folge, sondern auch einen Wohlfahrtsstaat nach schwedischem Modell. Es war das Ziel, ein effektives Sicherheitsnetz zu konstruieren, »das verhindert, dass jemand in elende Armut absinkt. Zum anderen ein System von Soforthilfen, die denjenigen helfen, die aus irgendeinem Grund plötzlich bedürftig werden. Zum dritten ein System von Transferzahlungen zur Schaffung von mehr Gleichheit in der Einkommensstruktur. Und schließlich ein System zur Förderung der Chancengleichheit« (Allardt, 1988, S. 221). Eine staatlich finanzierte Einheitsschule und ein weitreichendes Sozialversicherungssystem wurden etabliert. Die begonnene Industrialisierung setzte sich nach dem Krieg fort. Die Deutschen hatten in der Zeit der Besatzung mehrere Projekte begonnen, die nun fertiggestellt wurden. Norwegen entwickelte eine Eisen-, Aluminium- und Kunstdüngerindustrie, die auf billigem Strom aus Wasserkraft aufbaute. Jedoch war die wirtschaftliche Lage in Verbindung mit dem Wiederaufbau lange Zeit angespannt und der wirtschaftliche Aufschwung kam erst nach dem Ausbau der Ölfelder in der Nordsee in den 70er Jahren. In den darauffolgenden Jahrzehnten erlebte Norwegen eine gewaltige Wohlstandssteigerung, nicht zuletzt in Folge des Beitritts zum Binnenmarkt der EU 1994. Auch die Fischereiressourcen wurden in höherem Maße ausgenutzt, besonders nachdem man mit der Aquakultur begonnen hatte. Fisch ist bis heute nach dem Öl Norwegens größtes Exportgut.

■ Norwegen und die EU

Der erste größte politische Konflikt im Norwegen der Nachkriegszeit entstand im Jahre 1972 in Verbindung mit der ersten Volksabstimmung zum Beitritt in die EU (53,5 % Nein-Stimmen gegenüber 46,5 % Ja-Stimmen). Es folgte ein aufreibender politischer Kampf, in dem die Forderung wirtschaftlichen Wachstums dem Wunsch nach nationaler Souveränität gegenüberstand. Da Norwegen als ein kleines Land bislang nur eine kurze Periode der Selbstständigkeit erlebt hat, ist die »gefühlte« Selbstständigkeit ein sehr wichtiges Thema.

So ergab sich für die norwegische Politik noch eine weitere Konfliktlinie zusätzlich zum Konflikt Zentrum versus Peripherie und Rechte versus Linke. Die Frage um die EU-Mitgliedschaft ist seit 1972 allgegenwärtig und stets ein sehr emotionales Thema. Zu Beginn der 90er Jahre wurde ein neuer Anlauf für eine Mitgliedschaft unternommen und die zweite Volksabstimmung im Jahre 1994 endete mit genau dem gleichen Ergebnis (52,4 % Nein-Stimmen gegenüber 47,6 % Ja-Stimme). Nach 1994 folgte eine Quasimitgliedschaft durch den Vertrag zur Europäischen Wirtschaftszusammenarbeit. Diese bedeutet, dass ein Großteil der Gesetze, die von den EU-Organen beschlossen werden, in der Praxis einen direkten Effekt in Norwegen haben. Somit ist Norwegen heute offiziell kein Mitglied der EU und hat demnach keinen politischen Einfluss in Brüssel, während es gleichzeitig stark in den Binnenmarkt integriert ist, den EU-Wettbewerbsregeln unterliegt und seit Jahren ein bedeutsamer Nettobeitragszahler ist.

■ Dank

Wir bedanken uns bei allen Interviewpartnern, die mit ihren Erfahrungsberichten und Situationsschilderungen die Grundlage zur Erstellung dieses Trainings geliefert haben, und allen norwegischen und deutschen Experten für ihre Mitwirkung an der kulturspezifischen Analyse des Trainingsmaterials. Insbesondere danken wir Herrn Geir Olav Løken für die Unterstützung.

Ein besonders herzliches Dankeschön gebührt der Deutsch-Norwegischen Willy-Brandt-Stiftung, die die Erstellung des Buches mit einem Stipendium unterstützt hat.

■ Literatur

Allardt, E. (1988). Repräsentative Demokratie im Zeitalter der Bürokratie. In S. R. Graubard (Hrsg.), Die Leidenschaft für Gleichheit und Gerechtigkeit. Essays über den nordischen Wohlfahrtsstaat (S. 205–233). Baden-Baden: Nomos.

Apfelthaler, G. (1999). Interkulturelles Management. Wien: Manz-Verlag.

Austrup, G., Quack, U. (1997). Norwegen (2. Aufl.). München: C. H. Beck.

Brömmling, U. (2005). Königsweg zur Freiheit. Die Zeit vom 25.05.2005.

Demorgon, J., Molz, M. (1996). Bedingungen und Auswirkungen der Analyse von Kultur(en) und interkulturellen Interaktionen. In A. Thomas (Hrsg.), Psychologie interkulturellen Handelns (S. 43–86). Göttingen: Hogrefe.

Drolshagen, E. D. (2007). Gebrauchsanweisung für Norwegen. München: Piper.

Eckstein, H. (1966). Division and Cohesion in Democracy. A Study of Norway. Princeton: Princeton University Press.

Egner, T. (1955). Folk og røvere i Kardemomme by. Oslo: Cappelen.

Enzensberger, H. M. (1987). Norwegische Anachronismen. In H. M. Enzensberger, Ach Europa! Wahrnehmungen aus sieben Ländern (4. Aufl., S. 237–314). Frankfurt a. M.: Suhrkamp.

Freydag, N. (2004). Elche, Fjorde, Königskinder: Norwegische Glücksmomente. Wien: Picus Verlag.

Gullestad, M. (1989). Kultur og hverdagsliv. Oslo: Universitetsforlaget.

Hall, E. T., Hall, M. R. (1990). Understanding cultural differences. Keys to success in West Germany, France and the United States. Yarmouth, ME: Intercultural Press.

Henningsen, B. (2001). »Glaube ja nicht, dass Du etwas Besonderes bist!« Jante oder das skandinavische Gesetz des Mittelmaßes. Merkur. Deutsche Zeitschrift für europäisches Denken, 55 (5), 457–461.

Hofstede, G. (1997). Software of the mind. Intercultural Cooperation and its importance for survival (2. überarb. Aufl.). New York u. a.: Mc Graw-Hill.

Hornscheidt, A. (2005). »Pünktliches Deutschland« und »egalitäres Norwegen«: Stereotype und Missverständnisse in der interkulturellen Wirtschaftskommunikation. In B. Henningsen (Hrsg.), Hundert Jahre deutsch-norwegische Begegnungen. Nicht nur Lachs und Würstchen. Begleitbuch zur Ausstellung (S. 157–159). Berlin: Berliner Wissenschafts-Verlag.

Jenssen, A. T., Listhaug, O., Pettersen. P. A. (1996). Betydningen av gamle og nye skiller. In A. T. Jenssen, H. Valen (red.), Brussel midt imot. Folkeavstemningen om EU. Oslo: Ad Notam Gyldendal.

Kern, M. (2004). Arbeitseinstellung im interkulturellen Vergleich. Eine empirische Analyse in Europa, Nordamerika und Japan. Universität Potsdam: Dissertation.

Köhn, R. (2005). Der Pietismus in Norwegen. In B. Henningsen (Hrsg.), Hundert Jahre deutsch-norwegische Begegnungen. Nicht nur Lachs und Würstchen (S. 107–109). Berlin: Berliner Wissenschafts-Verlag.

Lafferty, W. M. (1981). Participation and Democracy in Norway. The »Distant Democracy« revisited. Oslo: Universitetsforlaget.

Maerz, S. (2005). Im Schatten der Besatzungszeit: Der Umgang mit »Deutschenmädchen« und »Kriegskindern«. In B. Henningsen (Hrsg.), Hundert Jahre deutsch-norwegische Begegnungen. Nicht nur Lachs und Würstchen (S. 200–202). Berlin: Berliner Wissenschafts-Verlag.

Meyer, F. (2001a). Deutscher und norwegischer nationaler Habitus. In H. Uecker (Hrsg.), Deutsch-Norwegische Kontraste. Spiegelungen europäischer Mentalitätsgeschichte (S. 95–110). Baden-Baden: Nomos.

Meyer, F. (2001b). Vom Sturm auf die Bastille zum Fall der Berliner Mauer. Skizze eines historischen Vergleichs der politischen Kulturen Deutschlands und Norwegens. In H. Uecker (Hrsg.), Deutsch-Norwegische Kontraste. Spiegelungen europäischer Mentalitätsgeschichte (S. 111–129). Baden-Baden: Nomos.

Meyer, F. (2001c). »Dansken, svensken og nordmannen ...« Skandinaviske habitus-forskjeller sett i lys av kulturmøtet med tyske flyktninger. En komparativ studie. Dr.art.-avhandling. Oslo: Unipub.

Meyer, F. (2005). »Die Fremden« im Jahrhundert der Extreme. In B. Henningsen (Hrsg.), Hundert Jahre deutsch-norwegische Begegnungen. Nicht nur Lachs und Würstchen. Berlin: Berliner Wissenschafts-Verlag.

Milgram, S. (1960). Conformity in Norway and France: An Experimental Study of National Characteristics. Cambridge: Harvard University.

Milgram, S. (1977). The individual in a social world. Essays and experiments. Reading: Addison-Wesley.

Moen, E. (2003). Vi alene vide: Nettverksarbeid i informasjonsalderen og utfordringer for norske ledelsestradisjoner. ISCO Group Communication, 15 (1).

Molz, M. (1994). Analyse kultureller Orientierungen im deutsch-französischen Dialog. Regensburg: Unveröffentlichte Diplomarbeit.

Opitz, S. (1997). Probleme der interkulturellen Kommunikation zwischen Skandinaviern und Deutschen. In S. Opitz (Hrsg.), Skandinavien – Deutschland. Ein Handbuch für Fach- und Führungskräfte (S. 13–23). Düsseldorf: Raabe.

Ostner, I. (2005). Geschlechterrollen und Familienleben: Parallelen und Unterschiede. In B. Henningsen (Hrsg.), Hundert Jahre deutsch-norwegische Begegnungen. Nicht nur Lachs und Würstchen (S. 117–119). Berlin: Berliner Wissenschafts-Verlag.

Petrick, F. (2002). Norwegen. Regensburg: Friedrich Pustet.

205

Rothholz, W. G. (1986). Die politische Kultur Norwegens. Zur Entwicklung einer wohlfahrtsstaatlichen Demokratie. Baden-Baden: Nomos.

Schmid, S. (2003). England. In A. Thomas, S. Kammhuber, S. Schroll-Machl (Hrsg.), Handbuch interkultureller Kommunikation und Kooperation. Band 2: Länder, Kulturen und interkulturelle Berufstätigkeit (S. 53–71). Göttingen: Vandenhoeck & Ruprecht.

Schmidt, M. (1980). Staat und Wirtschaft unter bürgerlichen und sozialdemokratischen Regierungen. Politische Vierteljahresschrift, II, 7–37.

Schroll-Machl, S. (2001). Businesskontakte zwischen Deutschen und Tschechen. Kulturunterschiede in der Wirtschaftszusammenarbeit. Sternenfels: Verlag Wissenschaft und Praxis.

Schroll-Machl, S. (2002). Die Deutschen – Wir Deutsche. Fremdwahrnehmung und Selbstsicht im Berufsleben. Göttingen: Vandenhoeck & Ruprecht.

Schroll-Machl, S. (2003). Deutschland. In A. Thomas, S. Kammhuber, S. Schroll-Machl (Hrsg.), Handbuch interkultureller Kommunikation und Kooperation. Band 2: Länder, Kulturen und interkulturelle Berufstätigkeit (S. 72–89). Göttingen: Vandenhoeck & Ruprecht.

Thomas, A. (1999). Kultur als Orientierungssystem und Kulturstandards als Bauteile. In Institut für Migrationsforschung und Interkulturelle Studien (Hrsg.), IMIS-Beiträge 10/1999 (S. 91–130). Bramsche: Rasch Druckerei und Verlag GmbH.

Thomas, A. (2003). Kultur und Kulturstandards. In A. Thomas, S. Kammhuber, S. Schroll-Machl (Hrsg.), Handbuch interkultureller Kommunikation und Kooperation. Band 1: Grundlagen und Praxisfelder (S. 19–31). Göttingen: Vandenhoeck & Ruprecht.

Triandis, H. C. (1988): Collectivism vs. individualism: A reconceptualization of a basic concept in cross-cultural psychology. In C.Bagley, G.Verma (Eds.), Personality, cognition, and values: Cross-cultural perspectives of childhood and adolescence. London: Macmillan.

Trompenaars, F. (1993). Handbuch globales managen: Wie man kulturelle Unterschiede im Geschäftsleben versteht. Düsseldorf u. a.: Econ.

Uecker, R. (2001). Wollt Ihr den totalen Rechtsstaat? – Über einige bemerkenswerte Unterschiede zwischen norwegischer und deutscher Rechtskultur. In H. Uecker (Hrsg.), Deutsch-Norwegische Kontraste. Spiegelungen europäischer Mentalitätsgeschichte (S. 131–140). Baden-Baden: Nomos.

Vahsen, G. (1997). Nein zu Europa, ja zu Norwegen. Der Norweger – naiver Individualist und Weltbürger. In S. Opitz (Hrsg.), Skandinavien – Deutschland. Ein Handbuch für Fach- und Führungskräfte (S. 13–23). Düsseldorf: Raabe.

Welter, F. (2004). Vertrauen und Unternehmertum im Ost-West-Vergleich. In J. Maier (Hrsg.), Forost Arbeitspapiere. Nr. 22 (S. 7–13). München: Forost.

Werler, T. (2004). Nation, Gemeinschaft, Bildung. Die Evolution des modernen skandinavischen Wohlfahrtsstaates und das Schulsystem. Baltmannsweiler: Schneider Verlag Hohengehren.

■ Literaturempfehlungen und Internetadressen

Bergemann, N. J., Sourisseaux, L. J. (Hrsg.) (2003). Interkulturelles Management (3. vollst. überarb. u. erw. Aufl.). Berlin u. a.: Springer.

Dieses Werk gibt einen aktuellen Überblick zu zentralen Themen des interkulturellen Managements wie beispielsweise Werte, Führungsverhalten, Kommunikation, Motivation, Personalauswahl und -ausbildung, interkulturelle Kompetenz, Projektmanagement, Organisationsentwicklung und Reintegration.

Børretzen, O. (2005). Hvordan forstå og bruke en nordmann: en bruksanvisning med feilsøkingsskjema. Oslo: Cappelen.

Dieses Buch des bekannten norwegischen Autors Odd Børretzen gibt Norwegischkundigen auf humorvolle und selbstironische Weise hilfreiche Tipps zu verschiedenen Aspekten im Umgang mit Norwegern.

Drolshagen, E. D. (2007). Gebrauchsanweisung für Norwegen. München: Piper.

Die Autorin Ebba Drolshagen versammelt in diesem Buch Geschichten, die einen Eindruck von den geographischen, klimatischen, politischen und sozialen Bedingungen in Norwegen liefern und dabei auch zahlreiche Aspekte der norwegischen Kultur und Lebensweise beschreiben und mit Hintergrundinformationen beleuchten.

Freydag, N. (2004). Elche, Fjorde, Königskinder: Norwegische Glücksmomente. Wien: Picus Verlag.

Die Reisejournalistin Nina Freydag, die selber in Norwegen gelebt hat, schildert in stimmungsvollen Kurzgeschichten interessante Aspekte des norwegischen Alltags und bringt dem Leser so die Bewohner und deren Lebensgewohnheiten näher.

Schroll-Machl, S. (2007). Die Deutschen – Wir Deutschen. Fremdwahrnehmung und Selbstsicht im Berufsleben (3. Aufl.). Göttingen: Vandenhoeck & Ruprecht.

Die empirische Analyse typisch deutscher Kulturstandards, die auf der Basis typischer Erfahrungen mit Deutschen und typischer Eindrücke von Deutschen entwickelt wurden, gibt Aufschluss über Fremdwahrnehmung und Selbstsicht von Deutschen im beruflichen Kontext. Zielgruppe sind all diejenigen, die beruflich mit Deutschen zu tun haben, und Deutsche, die mit ausländischen Partnern im internationalen Geschäftskontakt stehen.

Thomas, A. (2005). Grundlagen der interkulturellen Psychologie. Nordhausen: Bautz.

In diesem Buch, das zu einer ersten Einarbeitung in die Grundlagen des interkulturellen Trainings geeignet ist, wird eine fundierte Einführung in die wichtigsten Teilgebiete der interkulturellen Psychologie gegeben und die Wirksamkeit psychischer Faktoren unter interkulturellen Handlungsbedingungen an Beispielen aus der Praxis erläutert.

Thomas, A., Kinast, E.-U. & Schroll-Machl, S. (Hrsg.) (2005). Handbuch Interkulturelle Kommunikation und Kooperation (2. Aufl.). Bd. 1. Grundlagen und Praxisfelder. Göttingen: Vandenhoeck & Ruprecht.

Dieser wissenschaftliche Band beschreibt die zentralen Aspekte und Begriffe interkultureller Kommunikation und Kooperation und gibt sowohl Überblick als auch vertiefenden Einblick in die interkulturelle Forschung. Es werden grundlegende theoretische und methodische Konzepte zu Diagnose, Training und Evaluation interkultureller Handlungskompetenz vorgestellt und in Zusammenhang mit praxisbezogenen Problemstellungen aus dem Bereich des Managements und der Personalentwicklung diskutiert.

Thomas, A., Kammhuber, S., Schroll-Machl, S. (Hrsg.) (2007). Handbuch Interkulturelle Kommunikation und Kooperation (2. Aufl.). Bd. 2. Länder, Kulturen und interkulturelle Berufstätigkeit. Göttingen: Vandenhoeck & Ruprecht.

Im ersten Teil schildern Autoren verschiedener Länder Ergebnisse der Kulturstandardforschung bezogen auf 13 Länder in Europa, Amerika, Asien und Afrika. Der Leser erhält einen oftmals durch Fallbeispiele illustrierten Überblick über länderspezifische Kulturstandards sowie kulturhistorische Hintergründe. Im zweiten Teil findet der Leser eine Beschreibung aktueller Tätigkeitsfelder, in denen interkulturelle Kommunikation und Kooperation bedeutsam ist.

Deutsche Botschaft Oslo: http://www.oslo.diplo.de/Vertretung/oslo/de/03/Zeitleiste/Zeitleiste_Unterbereich.html

Deutsch-Norwegische Freundschaftsgesellschaft: http://www.norwegenportal.de/

Deutsch-Norwegische Handelskammer: http://norwegen.ahk.de/

Goethe-Institut Norwegen: http://www.goethe.de/ins/no/osl/deindex.htm

Norwegen – die offizielle Seite in Deutschland: http://www.norwegen.no/

Norwegisch-Deutsche Willy-Brandt-Stiftung: http://www.willy-brandt-stiftung.de/